• 高等职业教育建筑设计类专业精品教材 •

Budget Estimate
for Building Decoration Project

建筑装饰
工程概预算

甘 俊 肖厚婷 编 著

中国轻工业出版社

图书在版编目（CIP）数据

建筑装饰工程概预算 / 甘俊，肖厚婷编著. —北京：中国轻工业出版社，2023.9

ISBN 978-7-5184-2949-3

Ⅰ.①建… Ⅱ.①甘…②肖… Ⅲ.①建筑装饰—建筑概算定额—高等学校—教材②建筑装饰—建筑预算定额—高等学校—教材 Ⅳ.①TU723.3

中国版本图书馆CIP数据核字（2020）第053879号

责任编辑：李　红　　责任终审：李建华

整体设计：锋尚设计　责任校对：晋　洁　　责任监印：张京华

出版发行：中国轻工业出版社（北京东长安街6号，邮编：100740）

印　　刷：三河市国英印务有限公司

经　　销：各地新华书店

版　　次：2023年9月第1版第3次印刷

开　　本：889×1194　1/16　印张：11.5

字　　数：300千字

书　　号：ISBN 978-7-5184-2949-3　定价：39.80元

邮购电话：010-65241695

发行电话：010-85119835　传真：85113293

网　　址：http：//www.chlip.com.cn

Email：club@chlip.com.cn

如发现图书残缺请与我社邮购联系调换

231373J2C103ZBW

前言

PREFACE

时代和经济的高速发展，使得建筑装饰行业不断进步，对从事工程概预算工作人员的职业素质也提出了新的要求。很多一线从业者从工作中反馈信息，认为建筑装饰工程概预算是每个从业者必备的专业知识。上到企业管理层，需要通过概预算来统筹全局，精准计算成本、利润；下到一线施工管理员，需要快速计算每天的物料消耗与人员薪酬。为了保证建筑装饰工程概预算的精准性与真实性，培养建筑装饰专业高素质设计、施工、管理一体化人才迫在眉睫。工程概预算人员不仅要具备建筑装饰专业理论、实践知识，同时对概预算内容应当有细致了解。

很多从业人员及本专业学生都非常渴望掌握建筑装饰概预算，这是建筑装饰行业实施的重要依据。目前，对应的教材大多只讲述了装饰施工管理与预算的理论知识，没有过多的深入实践，使得读者的学习欲望有所下降，对行业发展起不到有效推动作用。

本书全面贯彻实用性，不仅知识全面，且可操作性强。全书主要讲解了建筑装饰工程概预算概述、基本方法、结算与竣工决算、成本核算、工程估算、预算定额与费用、工程量计算等内容。书中图文并茂，并配有大量表格，每章后还配有相关案例，让读者能在课程中深刻学习重点知识。每个案例都是从实践中精挑细选出来的，从介绍到案例计算，结合实际施工经验和现场拍摄图片，真实生动，让读者能够充分体会到学习的乐趣。

本书注重优化课程结构，不仅考虑到建筑装饰工程概预算的各项内容，同时兼顾全书内容的前后连贯性，实行从简单到复杂、从局部到整体的规律。注重推陈出新，将最新、最近的知识编写到本书中，并且还介绍了建筑装饰行业未来的发展趋势与前沿知识。简化理论讲解，强化案例学习，将理论讲解简单化后，有机融入最新实例，提高了本书的可读性和实用性。本书按照案例式课堂教学模式进行编排，每章均设计有课后练习与本章小结，既便于学生学习，又便于教师备课。

本书可以帮助读者全面学习建筑装饰工程概预算，同时也能帮助读者了解建筑装饰行业的基础知识，从而全面提高建筑装饰施工企业的管理水平。本书既适合作为建筑设计、艺术设计大、中专院校相关专业教材使用，也适合作为建筑装饰企业技术人员的参考用书。

编著者

目录

CONTENTS

7

若扫码失败请使用浏览器或其他应用重新扫码！

案例图纸

PPT 课件

第一章

建筑装饰工程概预算概述

» 学习难度：★★☆☆☆

» 重点概念：基础内容、概预算文件、行业状况、发展前景、考级

» 章节导读：本章将重点讲解如何正确地进行建筑装饰工程概预算的学习，及建筑装饰工程概预算相关专业的发展状况，对于建筑装饰工程概预算相关专业的考级情况也做了细致的讲解。

第一节　关于建筑装饰工程概预算

建筑装饰工程概预算是指对建筑装饰工程的收支指标作以预测性的事先计算，这种概预算在编制时必须要按照制度规定编制。

一、建筑装饰工程概预算造价

建筑装饰工程概预算在建筑装饰工程中起着十分重要的作用，它不仅是建筑装饰工程全部费用筹备的计划性文件，同时也是建筑装饰工程各个阶段设计文件的重要组成部分。

建筑装饰工程施工过程中会发生装饰材料与装饰施工机械及机具的价值转移，同时还会产生一系列的体力劳动与脑力劳动，并随之产生全新的建筑装饰工程价值。因而，建筑装饰工程造价应当包括脑力劳动与物化劳动消耗的价值以及通过劳动激发的价值，比较系统的说法则是建筑装饰工程造价是由建筑装饰工程直接工程费、间接费、利润以及税金组成（图1-1）。

具体释义如下。

1. 直接工程费

直接工程费主要由直接费用、其他直接费用以及现场经费组成，它是建筑装饰工程中不可避免的一项费用，计价主要参考现场装饰项目的工程量，需要多次核查。

（1）直接费用。一般指在建筑装饰工程施工过程中直接产生和用于建筑装饰项目加工的各项费用，包括人工费、材料费以及施工机械和机具使用费。

①人工费。主要用于支付直接从事建筑装饰工程施工的、职工的各项开支费用。人工费一般包括基本薪资、工资性补助、装饰职工辅助工资、职工福利以及装饰职工劳动保护等费用。

②材料费。指直接用于建筑装饰工程制造和施工的各项材料费用。材料费一般包括建筑装饰主要用材、辅助用材、装饰零配件以及半成品等的费用。此外，在建筑装饰施工过程中周转使用的材料的摊销或租赁费用也需纳入材料费中。

③施工机械和机具使用费。指在建筑装饰施工过程中直接使用施工机械或机具作业所产生的费用。施工机械和机具使用费主要包括折旧费、机械和机具修理费、机械和机具租赁费、燃料动力费以及基础人工费等。

（2）其他直接费用。指除基本直接费之外施工过程中所发生的其他费用，主要包括冬雨季施工增加费、夜间施工增加费、材料二次搬运费、仪器仪表使用费、生产工具用具使用费、材料工具检验

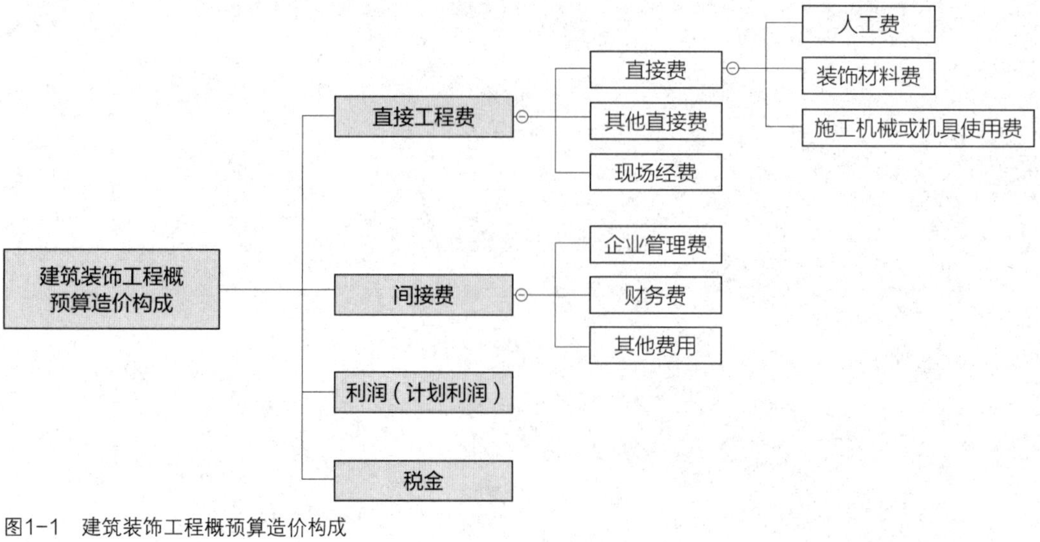

图1-1　建筑装饰工程概预算造价构成

补充要点

建筑装饰工程直接费用的相关计算方式：

直接工程费 = 定额直接费 + 其他直接费 + 现场经费；

人工费 = Σ（分项工程量 × 定额人工费）；

材料费 = Σ（分项工程量 × 定额材料费）；

机械费 = Σ（分项工程量 × 定额机械费）；

定额基价 = 定额人工费 + 定额材料费 + 定额机械费；

直接费 = Σ（分项工程量 × 定额基价）；

其中Σ（西格玛），表示数列求和。

试验费、特殊工种培训费、工程定位复测与点交等10项费用。

其他直接费用 = 直接费 × 其他直接费费率

（3）现场经费。指为施工准备、组织施工生产和管理所需的费用，主要包括临时设施费以及现场管理费。

现场经费 = 直接费 × 现场经费费率

2. 间接费

间接费指施工企业为组织施工和进行经营管理，以及间接为建筑装饰安装生产服务的各项费用，主要包括企业管理费、财务费用以及其他费用等。

间接费 = 直接工程费 × 间接费费率

3. 利润

利润指在建筑装饰工程施工过程中，施工企业完成所承包工程应收取的利润。

利润 =（直接工程费 + 间接费）× 计划利润率

4. 税金

税金指按国家税法规定的应计入建筑装饰安装工程造价内的营业税、城市建设维护税以及教育费附加。

税金 = (直接工程费 + 间接费 + 计划利润) × 税率

补充要点

人工单价的具体内容

了解人工单价的具体组成能够更数据化的进行建筑装饰工程概预算的编制（图1-2）。

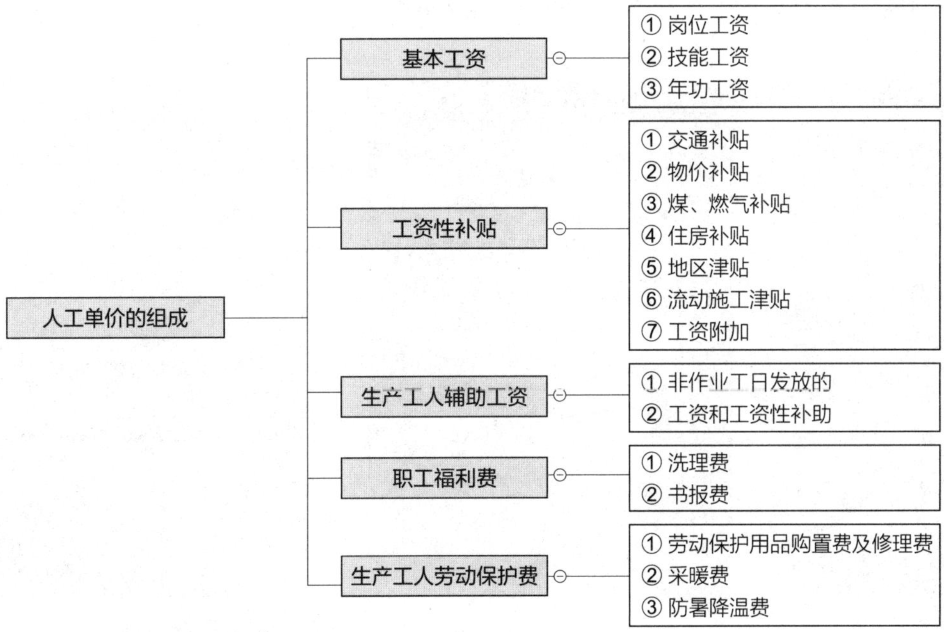

图1-2 人工费用的具体组成

二、建筑装饰工程概算指标

1. 概算指标的概念

概算指标是在概算定额的基础上综合、扩大，介于概算定额和投资估算指标之间的一种定额，主要用于规定建筑装饰工程所需的人工、材料、机械消耗量以及资金数量。

2. 概算指标的作用

（1）基础性作用。概算指标能为编制初步设计概算，为确定建筑装饰工程概算造价提供基础依据。

（2）技术参考作用。概算指标能为建筑装饰工程的设计方案提供技术经济分析，同时能考核投资效果。此外，概算指标还能为建设单位编制基本建设计划、申请投资款以及编制投资估算提供科学性的依据。

3. 概算指标的编制原则

（1）按照平均水平确定概算指标的原则。概算指标的编制必须满足社会经济的需要，编制时要按照社会必要劳动时间，深刻贯彻平均水平的编制原则。

（2）内容与表现形式要简明适用。概算指标的制定内容要能满足市场经济的客观要求，同时其表现形式也应通俗易懂，确保概算指标有比较广的适应面，且能在较大范围内满足不同用途的需要。

（3）编制依据必须具有代表性。概算指标编制所依据的工程设计资料，应具有一定的代表性、技术性和经济合理性（图1-3、图1-4）。

4. 概算指标的编制依据

（1）现行的标准设计，各类工程的典型设计和有代表性的标准设计图纸。

（2）国家颁发的建筑标准、设计规范、施工质量验收规范和有关技术规定。

（3）现行预算定额、概算定额、补充定额和有关的费用定额。

（4）地区工资标准、材料预算价格和机械台班预算价格。

（5）国家颁发的工程造价指标和地区的造价指标。

（6）典型工程的概算、预算、结算和决算资料。

（7）国家和地区现行的集本建设政策、法令和规章等。

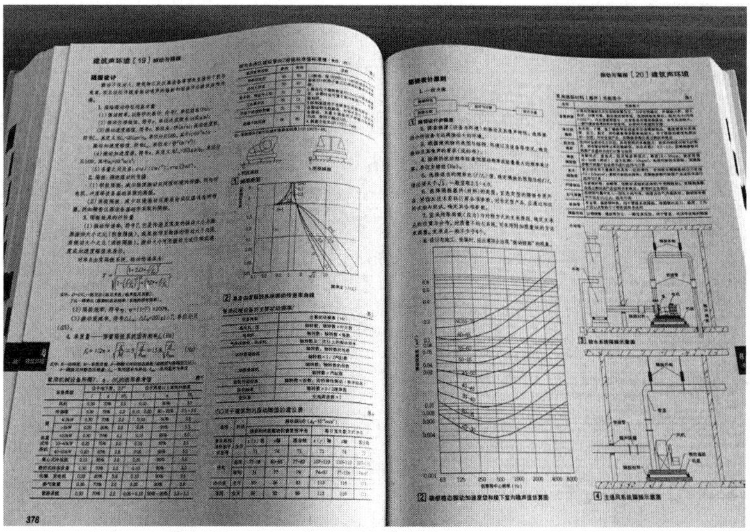

图1-3　工程设计资料（一）

图1-4　工程设计资料（二）

三、建筑装饰工程概预算计价方式

建筑装饰工程概预算的计价方式主要包括定额计价方式和工程量清单计价方式，下面具体讲解。

1. 定额计价方式

定额计价方式指以预算额为基准确定各分部、分项工程的人、材、机消耗量和定额直接费，从而确定单位工程造价的计价方法（图1-5）。

2. 工程量清单计价方式

工程清单计价方式指在建设工程招投标中，招

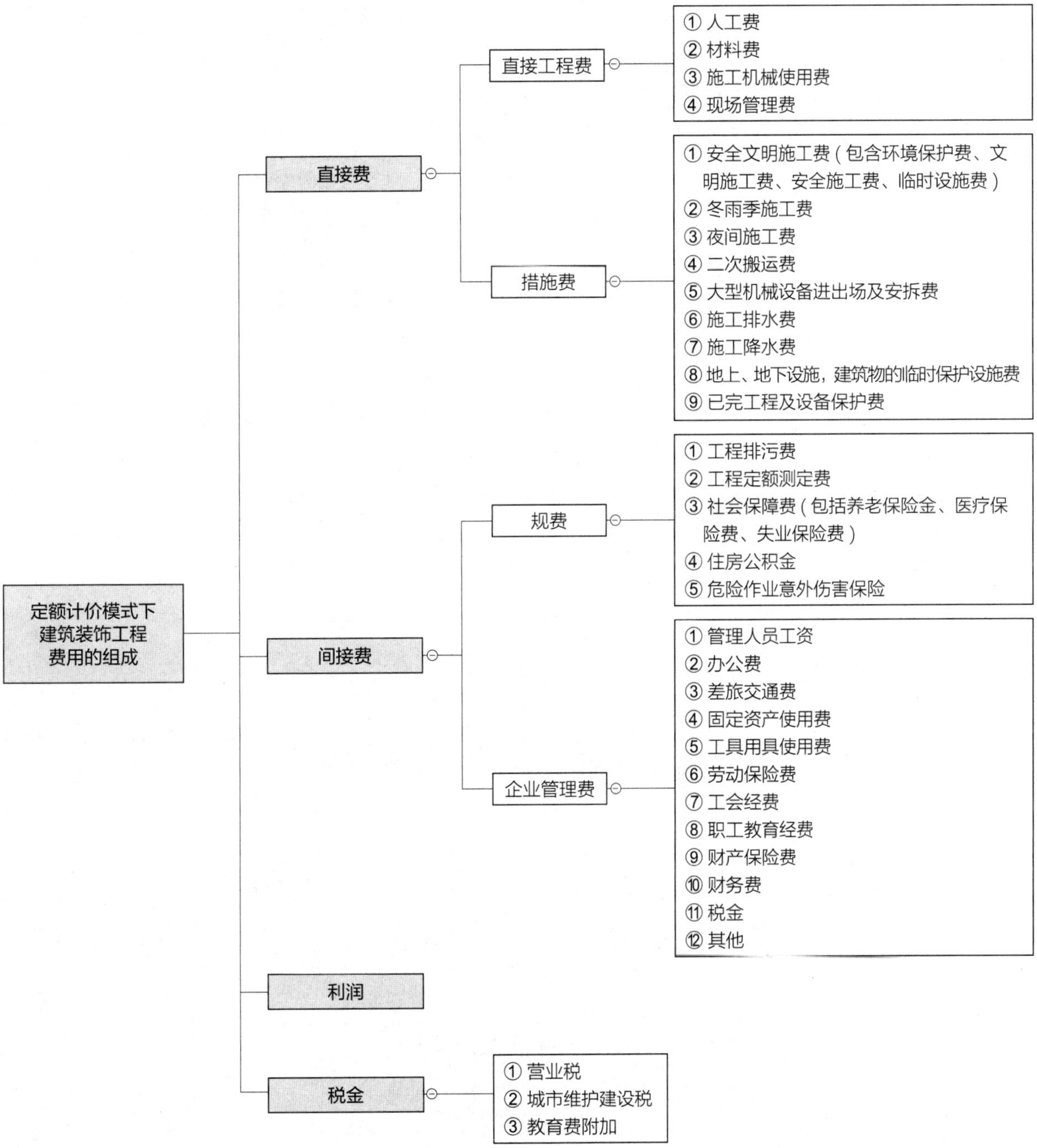

图1-5　定额计价模式下建筑装饰工程费用的组成

标人按照《建设工程工程量清单计价规范》（GB 50500—2013）的工程量计算规则提供工程量，由投标人依据工程量清单自主报价，并按照经评审低价中标的工程造价计价方式（图1-6）。

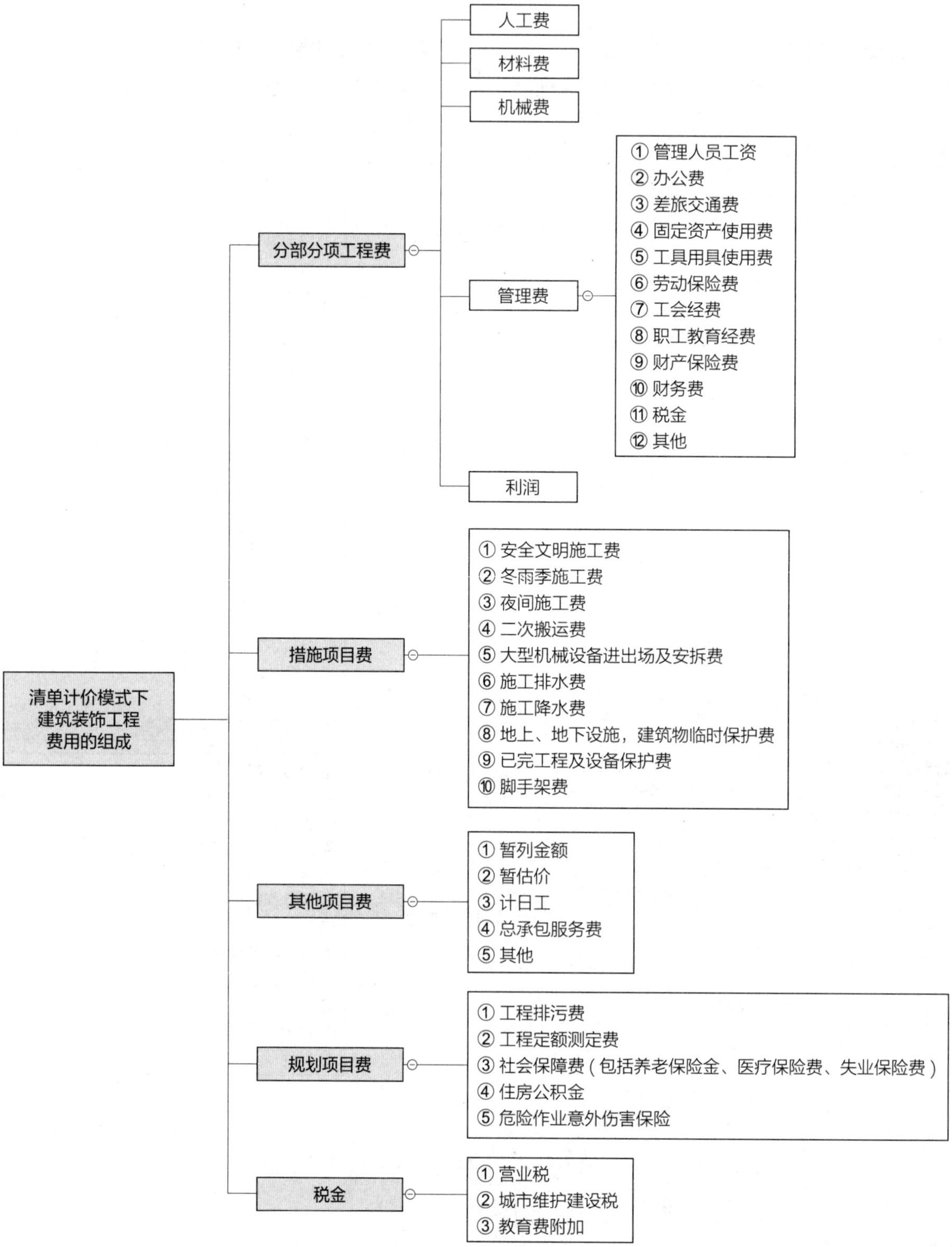

图1-6 清单计价模式下建筑装饰工程费用的组成

四、建筑装饰工程概预算文件

建筑装饰工程概预算文件主要包括总概算书、综合概算书、单位工程概预算书、其他工程装饰和费用概算书、相关价值估算表以及装饰施工机械使用费计算表等。

1. 总概算书

总概算书是确定大、中型建筑装饰项目概预算造价的总文件（图1-7）。

2. 综合概算书

综合概算书是确定独立公用房屋建筑装饰和独立建筑物内外装饰等单项工程费用的综合性文件。

3. 单位工程概预算书

单位工程概预算书是确定单项建筑装饰工程中的室内装饰工程、室内厨卫装饰工程、室外庭院装饰与美化工程、安装音响设备与灯具工程等工程费用的文件（图1-8）。

4. 其他工程装饰和费用概算书

其他工程装饰和费用概算书是确定与室内外装饰工程有关的其他工程装饰和费用的文件。

5. 相关价值估算表

相关价值估算表包括单位价值计算表、估价表、估价汇总表以及主要装饰材料、装饰成品、半成品、暂估价、参考价概预算价格计算表等。

图1-7 总概算书

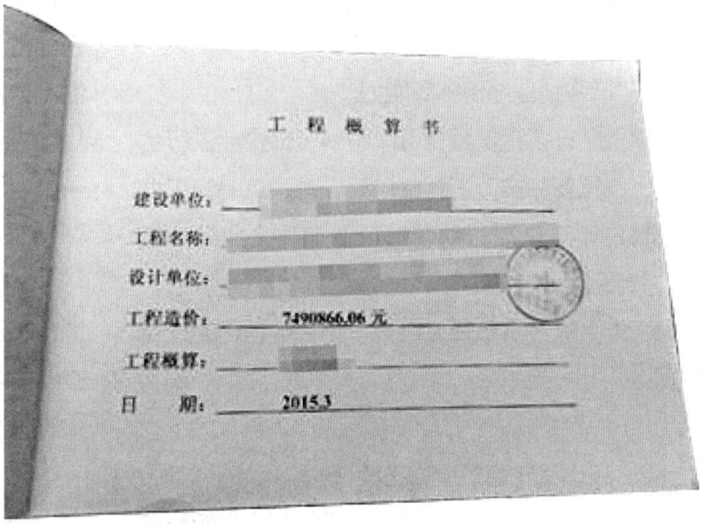

图1-8 工程概算书

★ 小贴士

建筑装饰工程造价的特点

建筑装饰工程造价具有单件性计价、多次性计价以及分部组合计价等特点，其中分部组合计价能够帮助人们更有逻辑地进行概预算书的编制。

第二节 建筑装饰工程概预算审查

建筑装饰工程概预算审查的目的在于更科学地进行建筑装饰工程施工，了解审查的意义、原则及方法势在必行。

一、审查的意义与目的

经济和文明的高速发展，一方面，为城市建设提供了便利；另一方面，也加速了建筑装饰行业的发展进程，对于诸多的建筑商人以及建筑工程承包单位而言，现行的建筑装饰工程定额所采用的施工方法过于传统，不能满足日益发展的建筑行业需要，因此，迫切需要成立一个专门的审查部门，用于审查建筑装饰工程概预算的造价构成。

从稳定建筑装饰行业状况的角度出发，建筑装饰工程概预算审查的意义主要体现在以下几个方面。

1. 增强企业经济核算能力

建筑装饰工程概预算可以帮助装饰企业进行合理的工料核算和实际消耗量核算，对建筑装饰工程概预算的审查则能帮助装饰企业加强企业经营管理，降低企业装饰成本，增强企业核心竞争力，同时还能为其经济核算提供科学化和数据化的理论依据。

2. 正确确定建筑装饰工程造价

审查建筑装饰工程概预算能避免不合理的补充定额和换算定额，解决在装饰工程中出现的不合理情况，对于确定正确的建筑装饰工程造价有很大的益处。

3. 提高建设单位投资效益

建筑装饰工程概预算经过审查之后能够有效减少不必要的支出，在有限的经济条件下也能获得不错的装饰效果，可以很好的提高建设单位的投资效益，节约建设资金，使其能够开展更多的建设活动。

4. 增强企业财务管理和监督能力

经过审定后的建筑装饰工程概预算为金融机构发放工程贷款、工程进度付款提供了有力的依据，同时也是竣工决算必要的参考资料。此外，审查后的建筑装饰工程概预算为装饰工程的造价构成也提供了合理的依据，更为金融机构监督、管理企业财务提供了良好的客观依据。

5. 推动建筑装饰新工艺、新材料的应用

装饰材料为建筑装饰工程提供了良好的物质基础，新材料以及新工艺的出现也对建筑装饰工程设计与施工的现代化起着一定的促进作用，审查建筑装饰工程概预算不仅要把握好建筑装饰工程设计的先进性，同时还需掌握好施工选材的恰当性，这样双管齐下，才能更好地推动新工艺、新材料的应用。

6. 提高建筑装饰工程概预算的编制质量

由于目前还有部分施工人员对建筑装饰工程预算定额以及各项相关规定不太了解，在实际的概预算编制中很容易出现差错，经过审查则可有效提高建筑装饰工程概预算的编制水平。

二、审查的原则

审查建筑装饰工程概预算既能有效核定工程造价，也能加强经济核算，对于监督国家建设项目的实施起到了重要作用，为了更好地进行建筑装饰工程建设，节约国家建设资金，确保投资方和施工方的双向利益，在审查建筑装饰工程概预算时要遵循以下原则。

1. 坚持实事求是的原则

审查建筑装饰工程概预算的最根本目的是有效核实建筑装饰工程造价。因此，在审查过程中一定要结合国家基本建设方针、政策，并确保建筑装饰工程概预算的各项指标均符合国家基本规定，确保不会出现虚估多计，少算漏项的情况，务必实事求是，做出最真实的建筑装饰工程概预算。

2. 坚持理论联系实际的原则

传统的审查方法在当今已不再适用，为避免建筑装饰工程造价偏低，也为均衡建筑装饰工程造价，在审查建筑装饰工程概预算时一定要结合现代化的建筑装饰工业体系和现代化的建筑装饰工程施工技术，注重理论与实际结合，全方位的进行建筑装饰工程概预算的审查。

3. 审查人员应清正廉洁

要避免在建筑装饰施工过程中出现安全事故，就必须远离无良奸商，杜绝劣质的建筑装饰材料，因此，审查人员必须以身作则，清正廉洁，在审查时必须按照国家有关高级建筑装饰材料的性能和质量要求，对建筑装饰工程概预算的各项进行审核。

4. 审查人员应具有科学的工作态度

进行建筑装饰工程概预算的审查时要坚持量、价、费和设计技术标准共审的原则，既能达到美观经济，也能使设计满足富丽且经济合理的要求，这些都需要审查人员具备科学的工作态度，能在审查过程中以事实服人。

三、审查的方法

1. 逐项审查法

逐项审查法也被称为全面审查法，从字面意思来理解，即审查时要按照建筑装饰工程概预算的构成内容，分项从工程数量、定额套用以及费用选定等方面，全面地进行概预算的审查（图1-9）。此外，审查结束后还需将审查过程记录成册，并依据需要编制审查说明和审查报告，以便于会审讨论。

★ 小贴士

装饰职工日工资单价的具体计算

人工费＝Σ（工日消耗量×日工资单价）

基本工资（G_1）＝生产工人平均月工资÷年平均每月法定工作日

工资性补贴（G_2）＝Σ{年发放标准÷（全年日历日－法定工作日）}＋Σ（月发放标准÷年平均每月法定工作日）＋每工作日发放标准

生产工人辅助工资（G_3）＝{全年无效工作日×（G_1+G_2）}÷（全年日历日－法定工作日）

职工福利费（G_4）＝（$G_1+G_2+G_3$）×福利费计提比例（%）

生产工人劳动保护费（G_5）＝生产工人年平均支出劳动保护费÷（全年日历日－法定工作日）（其中年有效施工天数＝年应工作天数－年非作业天数）

日工资单价（G）＝$G_1+G_2+G_3+G_4+G_5$

年应作业天数按照年日历天数365天，减去双休日、法定节假日后的天数。年非作业工日指职工学习、培训、调动工作、探亲、休假，因气候影响，女工哺乳期，六个月以内病假及产、婚、丧假等，在年应工作天数内而未工作天数。

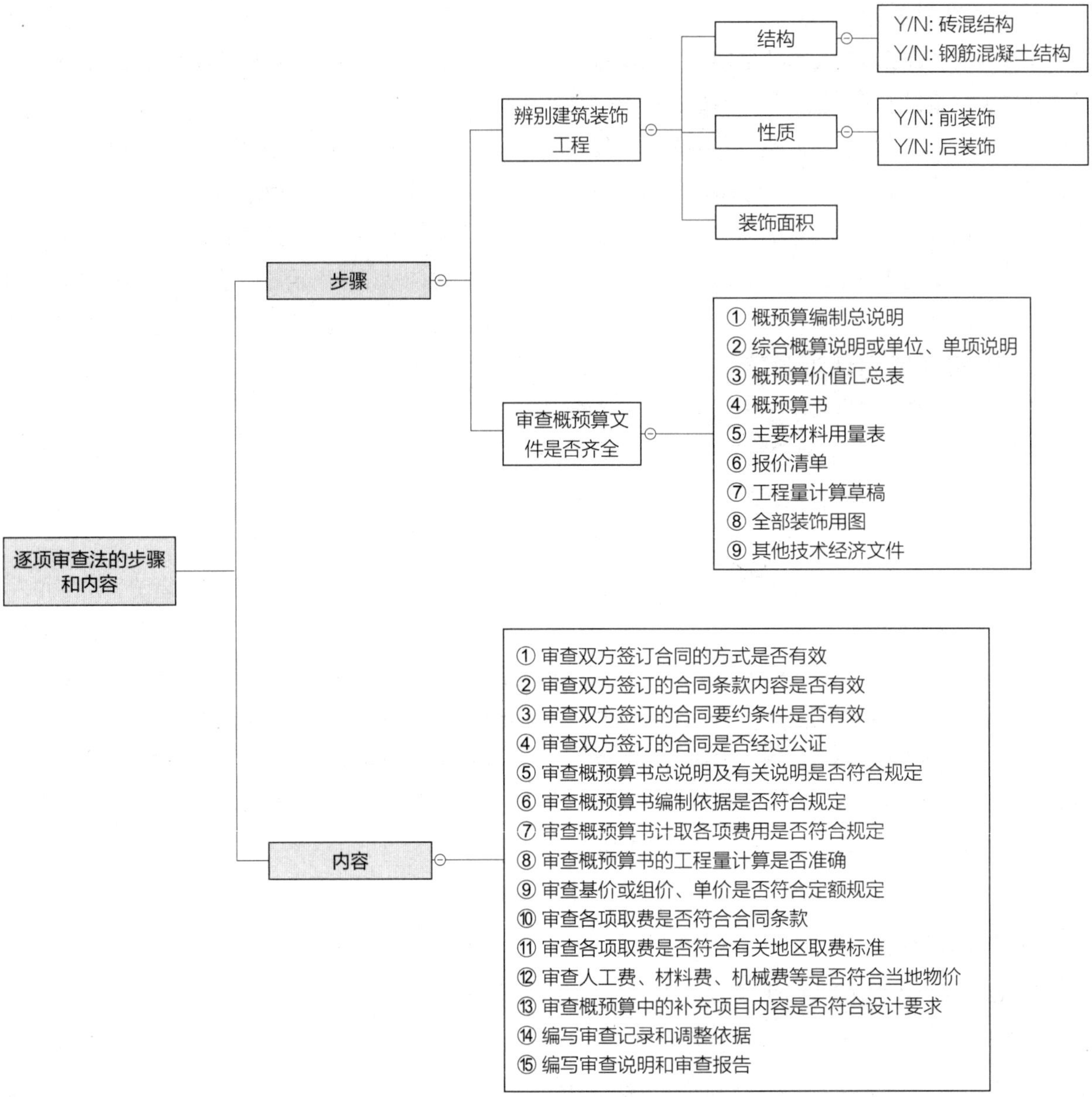

图1-9　逐项审查法的步骤和内容

2. 重点审查法

重点审查法主要是通过对建筑装饰工程概预算进行重点项目剖析和审查。其中，重点审查的项目多为投资价值较高的材料部分或者制作工艺颇为复杂且定额缺项的项目（图1-10）。重点审查法适用于建筑装饰投资费用较大，装饰所用的新材料和新工艺较复杂的工程。

3. 抽项审查法

抽项审查法主要是通过对建筑装饰工程概预算中的各项目挑重点进行抽项审查。使用抽项审查法时要注意一旦发现项目工程的准确性得不到保证，应立即一查到底，更正错误的项目。

4. 经验指标审查法

经验指标审查法主要是通过选取长期积累的工作经验数据对照即将送审的建筑装饰工程概预算书进行对比分析，也可按照平方米的价值来进行比较分析。使用经验指标审查法时要注意审查所用的指标要与审查对象完全一致。

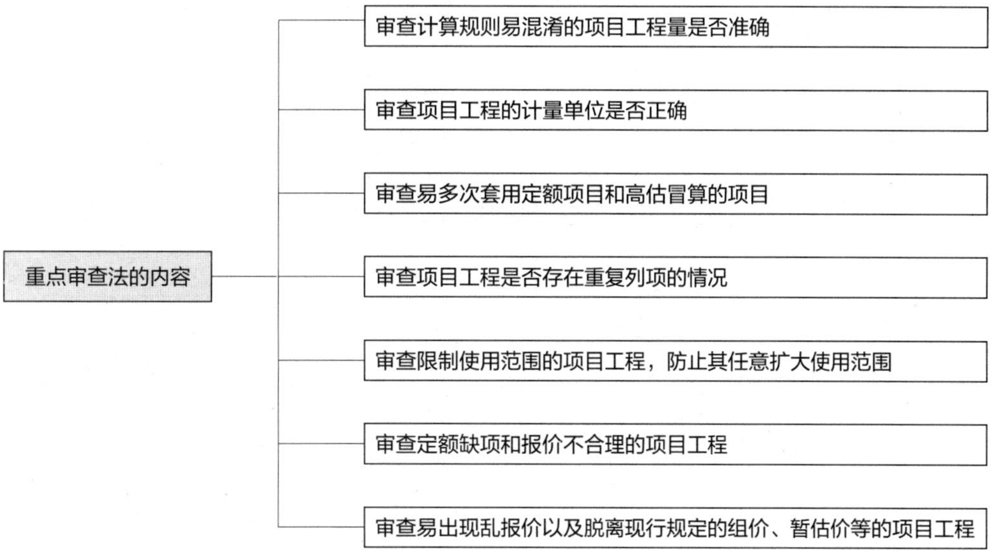

图1-10 重点审查法的内容

补充要点

审查建筑装饰工程概预算的依据

审查时，第一要依据国家现行规定的方针及政策；第二要依据投资方和施工方均认可的施工图；第三要依照《中华人民共和国经济合同法》的有关条款；第四要依据建设部主管部门及各省市颁布的建筑装饰工程概预算定额规定；第五要依据实时的市场价格和实时的各项变更指标。

第三节 相关专业的发展

这里主要介绍工程造价专业的发展（图1-11、图1-12）。工程造价指完成一项或多项建筑装饰工程的建设价格，包括预期或者实际所需的全部费用。

一、职业要求

要做好建筑装饰概预算的基本编制，除了要学好工程造价专业的基础知识外，还需满足以下职业要求：

（1）具备工民建、土木工程、建筑经济管理、工程造价、建筑工程以及预算等专业大专及以上学历。

（2）熟练掌握建筑施工工序、施工方法，并能鉴别施工质量的优劣以及了解一定的安全标准知识。

（3）熟记建筑识图、建筑结构和房屋构造的基本知识，了解常用建筑材料、构配件、制品以及常用机械设备。

（4）掌握工程量计算规则和工程量计算技巧，各项定额、人工费、材料预算价格和机械台班费的组成及取费标准的组成也需熟练掌握。

（5）有一定的电子计算机应用基础知识，能应用电子计算机编制施工预算，同时还可独立完成

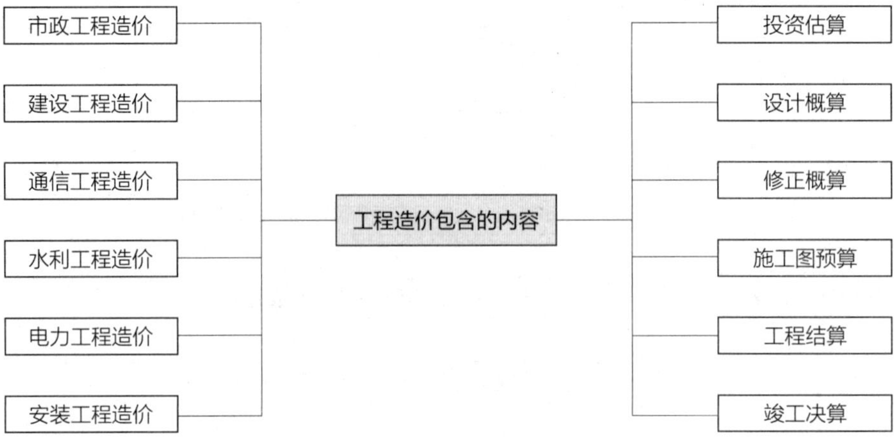

图1-11　工程造价包含的内容

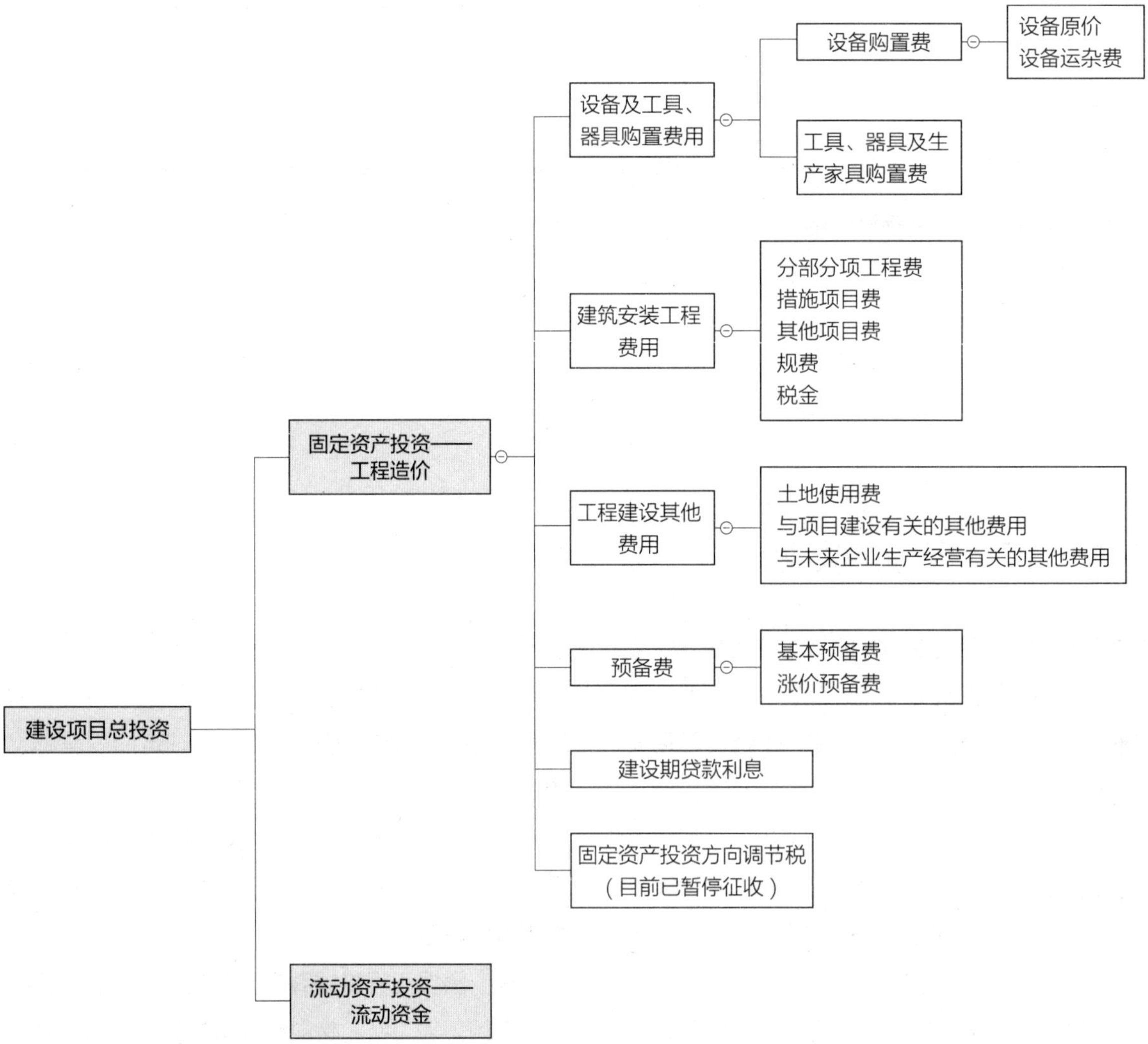

图1-12　我国现行工程造价的构成

项目的估、概、预、结算等工作。

（6）具备良好的沟通能力、协调能力以及工作执行能力，对于相关的建筑经济法规十分了解，工程合同的各项条文也都能熟记于心，能参与招标、投标和合同谈判。

（7）有吃苦耐劳的精神，能够实事求是，能在充分掌握定额的内涵、工作程序、子目包括的内容、建筑工程量计算规则及尺度的同时，深入建筑工程第一线。

二、行业状况

随着知识经济的高速发展，造价体制改革也得到了深化，目前工程造价行业主要存在以下几个问题。

1. 工程造价监督管理水平尚需改进

当今建筑装饰行业飞速发展，工程造价系统需要紧随时代的步伐，向统一标准、统一程序进发，同时应当尽可能的、分层次的共享工程造价信息，以便更好地对建筑装饰工程的概预算信息进行适当的分析、整理和利用，以满足建设市场的需要。

2. 工程造价咨询市场诚信度尚需提高

工程造价咨询行业是当今社会经济发展中必不可少的中介服务行业，通过造价咨询以及客观、公正、公平的编审造价，建设各方依法维护了自身的合法权益，工程造价咨询在确保国家利益、社会公共利益和投资者利益不受损害等方面发挥了重要作用。

但正是由于工程造价咨询行业快速的发展，为了获取更大的利益，部分造价咨询企业变换手段，以更加隐蔽的形式插手工程建设，从中牟取暴利，甚至有部分造价咨询企业在背后操纵几个不同行业、不同性质的咨询公司，以不同人员的身份申报造价咨询、招标代理、建设监理、政府采购及建设施工等公司。造价咨询企业不够诚信的问题在目前已经日益凸显，压价竞争现象与日俱增。为了平衡造价咨询市场，必须提高工程造价咨询企业的诚信度。

3. 造价咨询市场不够系统化

造价咨询市场主要包括概预算编制、结算审计以及全过程控制等业务，目前大部分造价咨询企业的业务模式比较单一，不够系统化，没有统一的标准，且关于造价的可行性研究以及方案比选等阶段的造价控制也涉及的较少，不能够满足市场的需求。

4. 造价咨询企业规模普遍偏小

目前，大部分的造价咨询企业规模较小，能够纳入的造价人员较少，且这些造价咨询企业知名度较低，因而业务范围相对也较小，这是未来造价咨询市场必须要解决的问题（图1-13、图1-14）。

补充要点

合同价款变更的原则

变更合同价款应按下列原则进行。

1. 合同中已有适用于变更工程单价的，按合同已有的单价计算和变更合同价款。
2. 合同中只有类似于变更工程的单价，可参照它来确定变更价格和变更合同价款。
3. 合同中没有上述单价时，由承包方提出相应价格，经监理工程师确认后执行。

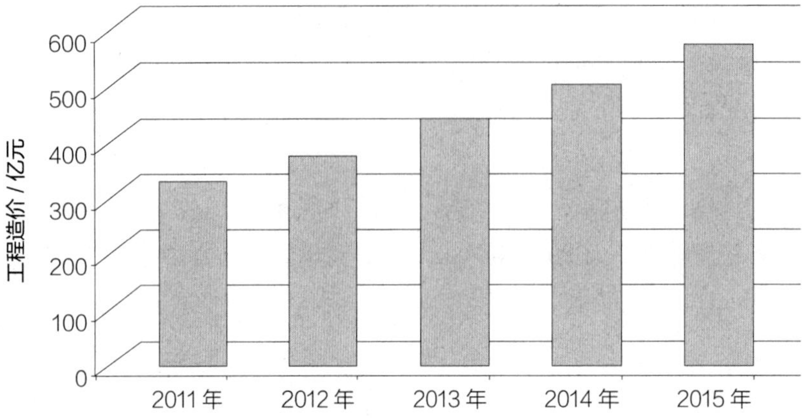

图1-13　2011—2015年中国工程造价咨询市场规模图

注：2011年为305.53亿元，2012年为351.6亿元，2013年为419.6亿元，2014年为479.25亿元，2015年为553.18亿元。

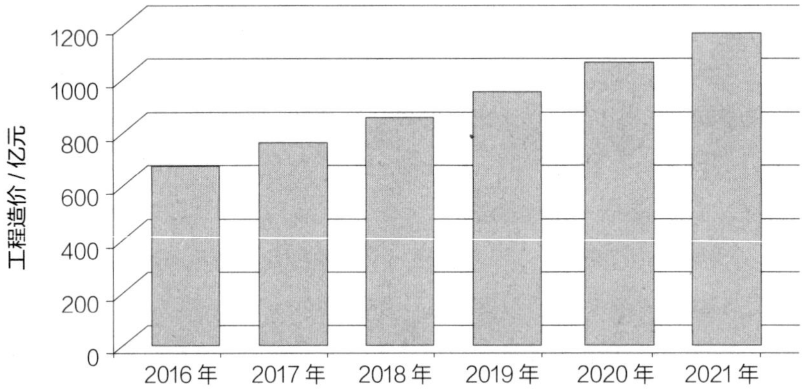

图1-14　2016—2021年中国工程造价咨询市场规模预测图

注：2016年为632.33亿元，2017年为718.3亿元，2018年为811.03亿元，2019年为910.53亿元，2020年为1016.8亿元，2021年为1129.83亿元。

5. 工程造价咨询行业信息化程度弱

工程造价咨询行业的信息化程度体现在咨询企业规划发展，造价软件开发与使用、咨询质量好坏及咨询时效等诸多方面。工程造价咨询信息化程度越高，咨询速度越快，造价咨询业务的发展也越快。为了更好地发展建筑装饰行业，必须尽快建立信息数据库，造价咨询企业应积极建立造价咨询工具库、造价咨询方法库以及人力资源信息库，并积极促进咨询过程信息化，这样能大大提升企业的咨询服务能力、效率和质量。

6. 造价咨询行业人员不能满足市场需求

目前的造价咨询人员多为年轻职工，经验不足，业务水平还有待提高，且目前造价咨询人员的数量较少，职工的薪资与劳动时间和劳动力度不成正比，多数造价咨询人员流动比较频繁。在造价工程师队伍中也大部分以大中专生为主，人员队伍学历分布与行业发展与人才需求不对等，综合型人才比较匮乏。

小贴士

变更合同价款的程序

1. 变更发生后的14天内，承包方提出变更价款报告，经监理工程师确认后调整合同价。
2. 若变更发生后14天内，承包方不提出变更价款报告，则视为该变更不涉及价款变更。
3. 监理工程师收到变更价款报告日起14天内应对其予以确认。若无正当理由不确认时，自收到报告时算起14天后该报告自动生效。

三、发展前景

随着建筑装饰行业的飞速发展，工程造价也变得越来越重要，因此，其就业前景是十分不错的。工程造价专业考试的通过率比较低，一般有三种单位聘用造价人员，即造价咨询公司，施工单位（乙方），开发商或某工厂、某医院的基建处（甲方），就业范围比较广，优质的工程造价人员薪资也相对较高。

第四节　相关专业考级

这里主要介绍工程造价专业的具体考级（图1-15）。

一、造价工程师

1. 造价工程师概述

造价工程师是通过全国造价工程师执业资格统一考试或者资格认定、资格互认，并取得中华人民共和国造价工程师执业资格，按照《注册造价工程师管理办法》注册，取得中华人民共和国造价工程师注册执业证书和执业印章，从事工程造价活动的专业人员（图1-16）。

2. 造价工程师考级

（1）一级造价工程师。目前遵守中华人民共和国新宪法、法律法规，且具有良好的业务素质和道德品行，并满足以下几项任一条件的均可参与一级造价工程师的执业资格考试。

①具有工程造价专业大学专科或高等职业教育学历，且从事工程造价业务工作满5年的可参加一级造价工程师执业资格考试。

②具有土木建筑、水利、装备制造、交通运输、电子信息、财经商贸大类大学专科或高等职业

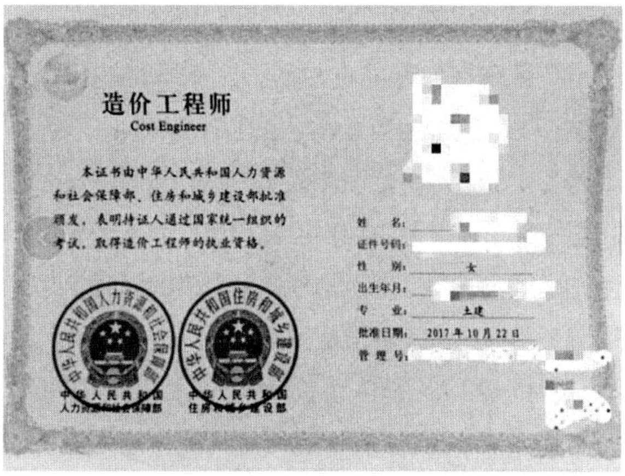

图1-15　造价工程师证书

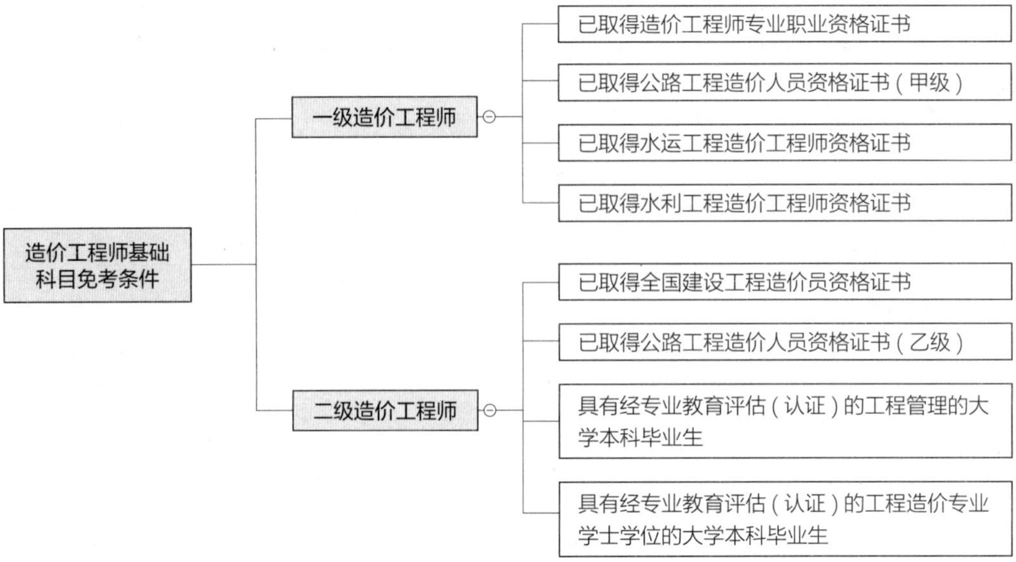

图1-16　造价工程师基础科目免考条件

教育学历，且有6年工程造价业务工作经验的可参加一级造价工程师执业资格考试。

③具有工程教育专业评估或认证的工程管理、工程造价专业大学本科学历或学位，从事工程造价业务工作满4年的可参加一级造价工程师执业资格考试。

④具有工学、管理学、经济学门类大学本科学历或学位，且有5年工程造价业务工作经验的可参加一级造价工程师执业资格考试。

⑤具有工学、管理学、经济学门类硕士学位或者第二学士学位，从事工程造价业务工作满3年的可参加一级造价工程师执业资格考试。

⑥具有工学、管理学、经济学门类博士学位，从事工程造价业务工作满1年的可参加一级造价工程师执业资格考试。

⑦具有其他专业相应学历或者学位的人员，则从事工程造价业务工作年限相应增加1年。

（2）二级造价工程师。目前遵守中华人民共和国新宪法、法律法规，且具有良好的业务素质和道德品行，并满足以下几项任一条件的均可参与二级造价工程师的执业资格考试。

①具有工程造价专业大学专科或高等职业教育学历，从事工程造价业务工作满2年的可参加二级造价工程师执业资格考试。

②具有土木建筑、水利、装备制造、交通运输、电子信息、财经商贸大类大学专科或高等职业教育学历，从事工程造价业务工作满3年的可参加二级造价工程师执业资格考试。

③具有工程管理、工程造价专业大学本科及以上学历或学位，从事工程造价业务工作满1年的可参加二级造价工程师执业资格考试。

④具有工学、管理学、经济学门类大学本科及以上学历或学位，从事工程造价业务工作满2年的可参加二级造价工程师执业资格考试。

⑤具有其他专业相应学历或学位的人员，则从事工程造价业务工作年限相应增加1年。

二、建筑工程预算员

建筑工程预算员主要从事工程经济管理、控制项目成本以及对建筑产品进行议价等工作。目前，从事该职业的人员较少，建筑工程预算员的月薪在6500～7500元。

1. 技能要求

一名优秀的建筑工程预算员需具备以下职业素质和技能要求。

（1）大专以上学历、土木工程及其相关专业毕业并持有预算员的上岗证。

（2）熟练掌握建筑识图知识，并能将建筑结构和房屋构造的基本知识熟记于心。

（3）熟练掌握建筑装饰施工工序及施工方法，牢记建筑装饰工程质量标准和安全技术知识。

（4）熟练掌握常用建筑材料、构配件以及制品的特点和安装方法，并能熟练操作常用的机械设备。

（5）熟悉建筑装饰工程中的各项定额，并能充分了解人工费、材料预算价格和机械台班费的组成及取费标准的组成。

（6）有一定的电子计算机应用的基础知识，能用电子计算机来编制施工预算，同时还要求熟练掌握工程量计算规则和工程量计算技巧。

（7）了解建筑经济法规，熟悉建筑装饰工程合同的各项条文，能参与招标、投标和合同谈判等。

2. 建筑工程预算员考级

（1）考试时间。建筑工程预算员考试时间在每年的四月和十月，一般会在四月或十月的第三个星期六、星期天进行具体考试，但要注意报名时间需提前三个月，可咨询当地建设局科教科。

（2）报考条件。凡中华人民共和国公民，遵守中华人民共和国新宪法、法律法规，且具有良好的业务素质和道德品行，并满足以下几项任一条件的，均可参加建筑工程预算员职业资格考试。

①工程造价专业大专毕业后，从事工程造价业务工作满5年的；工程或工程经济类大专毕业后，从事工程造价业务工作满6年的可参加建筑工程预算员职业资格考试。

②工程造价专业本科毕业后，从事工程造价业务工作满4年的；工程或工程经济类本科毕业后，从事工程造价业务工作满5年的可参加建筑工程预算员职业资格考试。

③获上述专业第二学士学位或研究生班毕业和取得硕士学位后，从事工程造价业务工作满3年的可参加建筑工程预算员职业资格考试。

④获上述专业博士学位后，从事工程造价业务工作满2年的可参加建筑工程预算员职业资格考试。

补充要点

建筑工程预算员的具体工作

1. 二算管理。即做好设计预算和施工预算管理，做好具体的编制工作及对比工作，对收到设计变更、技术核定单、资料等进行增减预算编制。

2. 发包合同控制。即对劳务和专业承包进行合同策划、起草并发起相应的合同审批流程，同时对发包合同的履约情况进行评价。

3. 索赔管理。当业主不履行或未能正确履行合同约定的义务造成建筑方损失时，建筑方可向业主提出赔偿要求，建筑工程预算员在此时负责起草索赔文件。

4. 工程结算。根据竣工资料编制项目工程结算书，以便能更准确的确定建筑装饰工程的最终造价。

三、造价员

造价员也指概预算人员，指通过造价员资格考试，取得《全国建设工程造价员资格证书》，并已经登记注册，取得从业印章，专门从事工程造价活动的职业人员。造价员证书一般是每4年一审核，每次审核都要参加继续教育。

一名优秀的造价员要求专业过关，熟悉建筑装饰工程的相关图纸，对现行的价目表、综合及各种定额、建材的价格必须了解，且对建筑装饰工程量的计算公式、工程的结构做法、隐蔽工程、变更等专业能熟悉运用。此外，造价员还需能分析建筑装饰工程的材料，并能与甲方、监理、审计等部门进行沟通，对工程材料的计算也能手到擒来，对定额中的子目、套项也要十分熟悉。

补充要点

造价工程师与造价员的区别

1. 资质有差异。造价工程师与造价员相比资质级别更高，初级造价员只能编制不能审核，目前也只能进行造价在1500万元以下的建筑装饰工程的编制；而中级造价员可以进行造价在5000万元以下的建筑装饰工程的编制、审核和控制；高级造价员则可以和造价工程师一样，对各种类型的工程造价进行编制、审核和控制。

2. 资质使用范围有差异。造价工程师的资质在全国范围内通用，而造价员则受区域限制。

第五节 实例分析：咖啡厅装饰工程预算与成本核算（扫码下载案例）

案例二维码

本章小结

建筑装饰工程存在的目的是为了保护建筑物的主体结构，完善建筑物的使用功能以及美化建筑物，而建筑装饰工程概预算的存在则是为了使建筑装饰工程的施工更经济化和数据化，同时也能避免材料的浪费。

课后练习

1. 建筑装饰工程概预算造价包括哪些内容?
2. 如何计算建筑装饰工程直接费用?
3. 人工单价具体包括哪些内容?
4. 如何计算装饰职工日工资单价?
5. 建筑装饰工程概算指标有何作用?
6. 建筑装饰工程概预算指标的编制原则有哪些?
7. 建筑装饰工程概预算的计价方式具体有哪些?
8. 如何更好地进行建筑装饰工程概预算审查?
9. 工程造价的发展前景如何?

第二章

建筑装饰工程预算（概算）

案例图纸

PPT 课件

» 学习难度：★★★★☆

» 重点概念：作用、分类、编制方法、预算书、审查、施工图预算

» 章节导读：本章将重点讲解建筑装饰工程预算（概算）的编制，同时还将分点讲解建筑装饰工程预算（概算）的作用、分类、审查以及建筑装饰工程施工图预算的具体内容。

第一节　建筑装饰工程预算（概算）内容

建筑装饰工程预算（概算）是在建筑装饰工程设计初期依据设计图纸、定额、指标以及其他工程费用定额等，对工程投资进行的概略计算。

建筑装饰工程预算（概算）不仅是编制固定资产投资计划、签订承发包合同、实行建设项目投资包干的依据，同时也是签订贷款合同、项目实施全过程造价控制管理以及考核项目经济合理性的有效依据。

一、建筑装饰工程预算（概算）分类

建筑装饰工程预算（概算）按照设计项目规模的不同可以分为单位工程预算、单项工程综合预算以及建设项目总预算，此外，按照建筑装饰工程进展阶段的不同还可将预算分为建筑装饰工程前期造价预算、建筑装饰工程设计预算（概算）、建筑装饰工程施工图预算以及建筑装饰工程施工预算等。

1. 建筑装饰工程前期造价预算

建筑装饰工程前期造价预算是装饰工程设计任务书的一个重要组成部分，主要是通过分析建筑装饰工程的规模大小、甲方（业主方）选择材料的高低档次以及人工和单位面积等多方面的因素，来对整个建筑装饰项目进行的工程造价估算工作。

2. 建筑装饰工程设计预算（概算）

建筑装饰工程设计预算（概算）是设计文件中的主要部分，同时也是建筑装饰工程预算（概算）中必不可少的一部分，主要是指设计单位通过分析初步设计图纸、概算定额以及各项费用标准等相关资料，编制的施工项目从筹建到竣工交付使用所需费用的预算（概算）文件。

3. 建筑装饰工程施工图预算

建筑装饰工程施工图预算一般由施工单位编制，主要包括预算书封面、预算的编制说明、工程造价计算总表、施工措施费分项表、差价计算表以及工程预算表等（表2-1～表2-3）。建筑装饰工程施工图预算是在设计概算批准后，在施工图纸绘制完成的前提下，由施工单位根据施工图纸、现行预算定额、费用定额以及地区设备、材料、人工、机械等预算价格编制的关于建筑装饰工程造价的经济技术性费用文件。

表2-1　　施工措施费分项表（示例）

序号			1	2	3	4	5	…
定额编号			×－××	×－××	×－××	×－××	×－××	×－××
项目名称								
施工工程量	单位							
	数量							
定额直接费/元	综合单价							
	合价							
其中	人工费/元	单价						
		合价						
	材料费/元	单价						
		合价						

续表

<table>
<tr><th colspan="3">序号</th><th>1</th><th>2</th><th>3</th><th>4</th><th>5</th><th>…</th></tr>
<tr><td rowspan="6"></td><td rowspan="2">机械费 / 元</td><td>单价</td><td></td><td></td><td></td><td></td><td></td><td></td></tr>
<tr><td>合价</td><td></td><td></td><td></td><td></td><td></td><td></td></tr>
<tr><td rowspan="2">管理费 / 元</td><td>单价</td><td></td><td></td><td></td><td></td><td></td><td></td></tr>
<tr><td>合价</td><td></td><td></td><td></td><td></td><td></td><td></td></tr>
<tr><td rowspan="2">利润 / 元</td><td>单价</td><td></td><td></td><td></td><td></td><td></td><td></td></tr>
<tr><td>合价</td><td></td><td></td><td></td><td></td><td></td><td></td></tr>
<tr><td rowspan="2">综合工日</td><td colspan="2">含量</td><td></td><td></td><td></td><td></td><td></td><td></td></tr>
<tr><td colspan="2">合计</td><td></td><td></td><td></td><td></td><td></td><td></td></tr>
</table>

表2-2 差价计算表（示例）

序号	材料名称	单位	数量	预算价 / 元	市场价 / 元	差价 / 元	合计 / 元
1							
2							
3							
4							
5							
…							

表2-3 单位工程预算表（示例）

<table>
<tr><th colspan="2">序号</th><th>1</th><th>2</th><th>3</th><th>4</th><th>5</th><th>…</th></tr>
<tr><td colspan="2">定额编号</td><td>× － ××</td><td>× － ××</td><td>× － ××</td><td>× － ××</td><td>× － ××</td><td rowspan="6">分部小计</td></tr>
<tr><td colspan="2">分部分项工程名称</td><td></td><td></td><td></td><td></td><td></td></tr>
<tr><td rowspan="2">施工工程量</td><td>计量单位</td><td></td><td></td><td></td><td></td><td></td></tr>
<tr><td>数量</td><td></td><td></td><td></td><td></td><td></td></tr>
<tr><td rowspan="2">基价 / 元</td><td>单价</td><td></td><td></td><td></td><td></td><td></td></tr>
<tr><td>合价</td><td></td><td></td><td></td><td></td><td></td></tr>
<tr><td rowspan="5">其中</td><td>人工费 / 元</td><td></td><td></td><td></td><td></td><td></td><td></td></tr>
<tr><td>材料费 / 元</td><td></td><td></td><td></td><td></td><td></td><td></td></tr>
<tr><td>机械费 / 元</td><td></td><td></td><td></td><td></td><td></td><td></td></tr>
<tr><td>管理费 / 元</td><td></td><td></td><td></td><td></td><td></td><td></td></tr>
<tr><td>利润 / 元</td><td></td><td></td><td></td><td></td><td></td><td></td></tr>
</table>

4. 建筑装饰工程施工预算

建筑装饰工程施工预算是施工单位控制施工实际成本的有力依据，它是在施工单位签订合同之后，在建筑装饰工程施工前，以单位工程为对象的一种预算。建筑装饰工程施工预算主要根据施工图纸、施工定额和补充定额等计算出每一个单位工程或者各一项施工段上每一部分需要的人工、材料和机械台班的消耗量以及相关的费用。

二、建筑装饰工程预算（概算）的作用

建筑装饰工程预算（概算）是编制施工工程计划的重要依据，其具体作用主要表现在以下几个方面。

1. 投资参考

（1）建筑装饰工程预算（概算）可以为建设项目、各单项工程及各单位工程获取投资资源提供有利依据，且按照规定报请有关部门或单位批准的建筑装饰工程初步设计及总预算，一经批准即作为建设项目静态总投资的最高限额，不得任意更改，必须更改时，也必须申报原审批部门（单位）批准。

（2）建筑装饰工程预算（概算）同时也是银行和金融机构进行拨款和贷款的强有力的依据。银行可依据已经批准的建筑装饰工程预算和年度投资计划，进行拨款和贷款，并对其严格实行监督控制。此外，对超出预算的部分，未经计划部门批准，银行不可自行追加拨款和贷款。

（3）建筑装饰工程预算（概算）还可用于投资包干参考，在进行预算包干时，单项建筑装饰工程综合预算及建设项目总预算是投资包干指标商定和确定的基础，且经过上级主管部门批准的设计预算或修正预算能够为主管单位和包干单位签订包干合同，控制包干数额提供数据化和科学化的依据。

（4）建筑装饰工程预算（概算）能够为投资计划的编制提供理论化的依据，建设部门可以依据经过批准的建筑装饰工程预算来编制建设项目年固定资产投资计划，并严格控制投资计划的实施。

（5）建筑装饰工程施工图阶段的预算不仅可以帮助建设项目确定投资额度，同时还能用于编制招标标底、投标报价和签订施工合同，对分时间阶段拨付工程款和办理工程结算也有很大的帮助。

2. 考核参考

（1）建筑装饰工程预算（概算）可以用于考核设计方案是否经济合理，同时也能将施工图预算控制在合适的范围内，设计单位还可以依据建筑装饰工程预算来提高建筑工程的设计质量和经济效果。

（2）建筑装饰工程预算（概算）能够考核建设成本，同时能控制建设项目的投资额度，避免额外的经济支出，这也能有效提高建筑装饰项目实施阶段工程管理和经济核算的水平。

（3）建筑装饰工程预算（概算）能衡量建筑装饰项目的成本与投资额度，也能比较准确地核算出施工单位的工程成本，以确保施工单位在保证工期和质量的情况下还能拥有合理的利润。此外，建筑装饰工程预算还能准确核算出建设单位的投资成本，以促成装饰工程合同的签订。

3. 指导性作用

（1）建筑装饰工程预算（概算）能够在保证建设工程质量的情况下有效地降低建设工程的装饰成本，也能有效地把控工程造价，监督工程施工进程。

（2）建筑装饰工程预算（概算）能指导建筑装饰施工单位（施工企业或称乙方）和建设单位（房主或称甲方）获取合理的利润，并控制好日常开支。

（3）建筑装饰工程预算（概算）能够指导建筑装饰施工单位签订合适、合理的工程合同，同时也能指导编制工程进展计划。

三、建筑装饰工程预算（概算）的编制依据

建筑装饰工程预算（概算）的编制依据是指编制装饰项目预算所需的一切基础资料，图2-1中已详细说明。

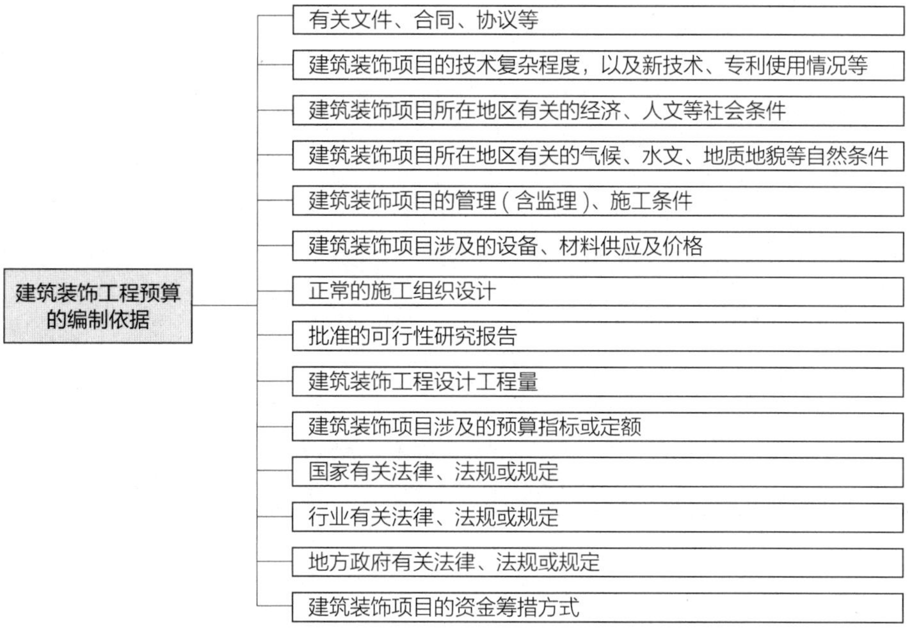

图2-1　建筑装饰工程预算的编制依据

第二节　建筑装饰工程预算（概算）编制

建筑装饰工程预算（概算）的编制需要参考建设项目的设计图纸以及相关的定额指标，为了更好地进行预算编制，应多收集建筑装饰工程的现场情况和市场信息，以便能及时分析，编制出更具经济性的预算。

一、建筑装饰工程预算（概算）编制的准备工作

1. 研究招标文件

在正式编制建筑装饰工程预算（概算）之前，应当全面分析招标文件中涉及报价的部分，并提前拟定出招标答疑时必须提出的有关问题的提纲。

2. 熟悉设计图纸内容

熟悉建筑装饰工程中的各项施工图纸和配套使用的标准图纸，有助于更深入地了解设计意图，这也能帮助组织人员对其进行分析和深化，并在答疑会议上提出。

3. 准备相关资料

在正式编制建筑装饰工程预算（概算）之前，还需准备相关定额、指标等计价依据，法令性依据也必不可少，同时还需掌握建筑装饰工程的现场情况和市场信息。

4. 现场勘查

了解建筑装饰工程的施工地点以及施工现场情况能够帮助设计人员分析是否计取远地施工增加费，且通过了解施工现场的水源、电源及交通运输及其他的配套设施情况，也能方便依据实际情况计取其他相关费用。

5. 后期整理工作

在编制建筑装饰工程预算（概算）之前还需提前对工程预算进行项目列项，包括编制补充项目。

二、建筑装饰工程预算（概算）编制步骤

1. 确定工程量计算项目

确定工程量的计算项目首先要参考施工图纸和相关设计资料，同时依据相同分项工程内容或空间功能的形式列出全部需要编制预算的装饰工程项目，并从上而下进行分项工程量的计算（表2-4、表2-5）。

2. 套用定额或单位估价计算直接费

仔细确认各项工程的工程量，使用定额表或者单位估价表来计算直接费，将其所得数值记录在工程预算表中，并汇总为单位装饰工程直接费（表2-6、表2-7）。

表2-4 按相同分项工程计算工程量（示例）

序号	分项工程名称	单位		工程量	工艺说明
一	墙面工程				
1	前厅墙面工程	m^2		×××	批灰，刷米色墙漆（三遍）
2	等待区墙面工程	m^2		×××	批灰，刷米色墙漆（三遍）
3	会议室墙面工程	m^2		×××	批灰，刷米色墙漆（三遍）
4	办公区墙面工程	m^2		×××	批灰，刷米色墙漆（三遍）
5	经理室墙面工程	m^2		×××	批灰，刷米色墙漆（三遍）
6	休息室墙面工程	m^2		×××	批灰，刷米色墙漆（三遍）
…					
二					
…					

表2-5 按空间功能计算工程量（示例）

序号	分项工程名称	单位		工程量	工艺说明
一	前厅				
1	顶面工程	m^2		×××	轻钢龙骨，石膏板饰面
2	墙面工程	m^2		×××	批灰，刷米色墙漆（三遍）
3	地面工程	m^2		×××	1：3水泥砂浆，铺800mm×800mm地砖
…					
二					
…					

表2-6 套用定额计算工程直接费（示例）

<table>
<tr><th rowspan="3">序号</th><th rowspan="3">定额编号</th><th rowspan="3">分项工程名称</th><th colspan="2">工程量</th><th colspan="8">定额基价/元</th></tr>
<tr><th rowspan="2">定额单价</th><th rowspan="2">数量</th><th rowspan="2">定额基价</th><th rowspan="2">金额</th><th colspan="2">人工费/元</th><th colspan="2">材料费/元</th><th colspan="2">机械费/元</th></tr>
<tr><th>单价</th><th>金额</th><th>单价</th><th>金额</th><th>单价</th><th>金额</th></tr>
<tr><td>1</td><td></td><td></td><td></td><td></td><td></td><td></td><td></td><td></td><td></td><td></td><td></td><td></td></tr>
<tr><td>2</td><td></td><td></td><td></td><td></td><td></td><td></td><td></td><td></td><td></td><td></td><td></td><td></td></tr>
<tr><td>3</td><td></td><td></td><td></td><td></td><td></td><td></td><td></td><td></td><td></td><td></td><td></td><td></td></tr>
<tr><td>…</td><td></td><td></td><td></td><td></td><td></td><td></td><td></td><td></td><td></td><td></td><td></td><td></td></tr>
</table>

表2-7　　单位估价计算工程直接费（示例）

序号	项目编号	分项工程名称	数量	单位	单价/元	合计	工艺说明
1							
2							
3							
…							

三、建筑装饰工程预算（概算）的编制内容

1. 建筑装饰工程总预算及单项工程综合预算的编制内容

建筑装饰工程总预算及单项工程综合预算的编制内容主要包括预算编制总说明和总预算表，其中总预算表中又包括工程费用、其他费用、预备费用以及应列入项目预算总投资中的几项费用（图2-2）。

其中各项含义具体释义如下：

（1）建筑装饰工程概况。主要介绍建筑装饰工程的施工地点、设计规模、建设性质（新建、扩建或改建）、工程类别、建设起止时间（年限）、主要工程内容、主要工程量、主要工具设备及数量等。

（2）主要技术经济指标。一般指建筑装饰工程预算（概算）总投资、主要分项投资以及主要技术经济指标（主要单位工程投资指标）等。

（3）建筑装饰工程主要资金来源。建筑装饰工程的主要资金来源有银行或金融机构贷款，也有

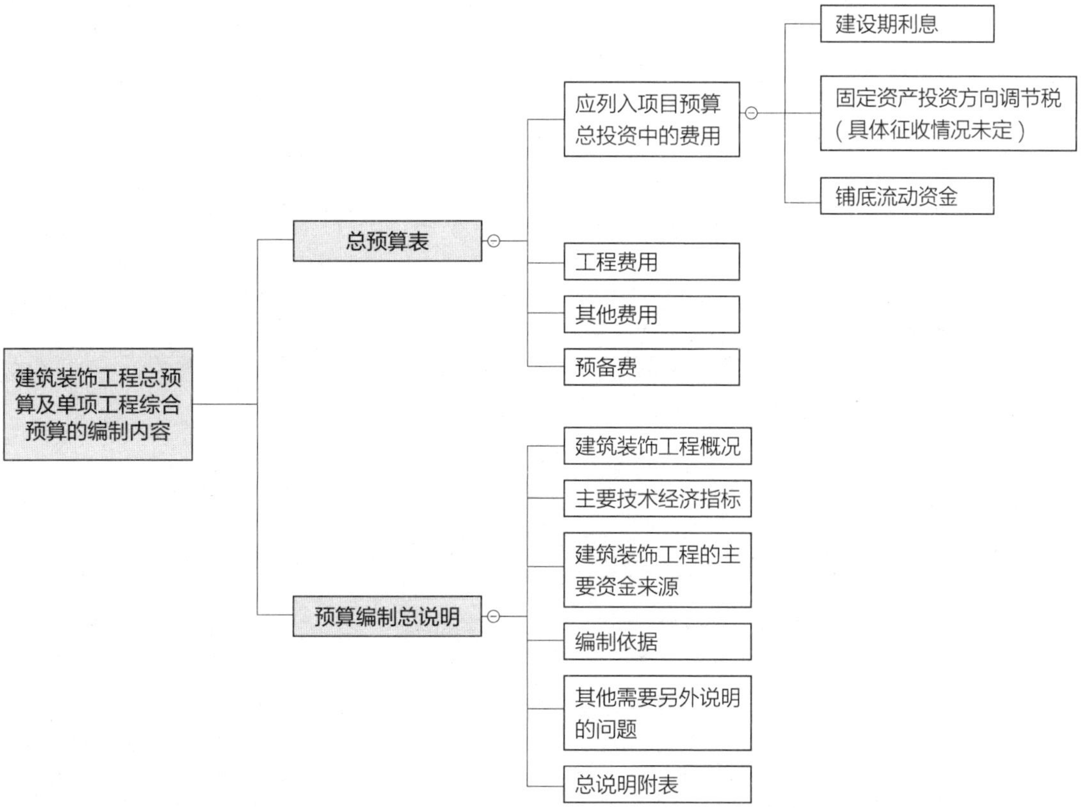

图2-2　建筑装饰工程总预算及单项工程综合预算的编制内容

国家建设部门自行拨款等，在编制建筑装饰工程预算时，需按照资金来源的不同渠道分别说明发生资产租赁的租赁方式及具体租金。

（4）总说明附表。总说明附表一般包括建筑、安装工程费用计价程序表、引进设备、材料清单及从属费用计算表以及具体建设项目预算（概算）要求的其他附表及附件等。

（5）工程费用。工程费用一般按照单项建筑装饰工程综合预算（概算）组成编制，并严格采用二级编制的方式进行单位工程的预算（概算）编制。

此外，在编制时还需注意综合预算是以单项工程所属的单位工程预算为基础，采用“综合预算（概算）表”进行编制，分别按各单位工程预算（概算）汇总成若干个单项工程综合预算，且对单一的、具有独立性的单项工程建设项目，应严格按照二级编制形式编制，直接编制建筑装饰工程的总预算（表2-8）。

表2-8　综合预算（概算）表（示例）

编号	项目名称	单位	数量	相关材料	相关材料单价/元	人工单价/元	合计	备注
一								
1								
2								
3								
…								
二								
1								
2								
3								
…								
其他费用								
1	企业管理费							
2	规费	养老保险费						
		失业保险费						
		医疗保险费						
		生育保险费						
		工伤保险费						
		危险作业意外伤害保险费						
		住房公积金						
		工程排污费						
3	利润							
4	安全生产费							
5	税金							
6	安装工程费							
…								

注：具体表格样式可能有变化

2. 其他费用、预备费、专项费用预算（概算）编制内容

其他费用、预备费、专项费用预算（概算）编制的内容较多，其中预备费包括基本预备费和价差预备费，基本预备费一般以总预算（概算）的“工程费用”和“其他费用”之和为基数的百分比计算；专项费用则包括引进工程其他费用中的国外专业技术人员现场服务费以及出国人员旅费和生活费等（图2-3）。

在进行专利及专有技术使用费计算时，应按照专利使用许可协议和专有技术使用合同的规定来计算，且专有技术的界定应以省、部级鉴定批准为依据。此外，建筑装饰工程的投资一般只会计算需要在施工期间支付的专利及专有技术使用费，在协议或合同规定内产生的使用费则需要计算到生产成本中。

3. 设备及安装工程预算（概算）的编制内容

设备及安装工程预算（概算）编制的内容主要包括设备购置费和安装工程费、辅助材料费等的费用计算。

（1）设备购置费。可分为非标准设备费和定型或成套设备费。

设备费 = Σ综合单价（元/吨）× 设备单重（吨）

定型或成套设备费 = 设备出厂价格+运输费+采购保管费

（2）安装工程费。安装工程费的计算方法可参考住房城乡建设部财政部《建筑安装工程费用项目组成》建标［2013］44号文件。

（3）辅助材料费。一般按照建筑装饰安装工程的预算（概算）定额（指标）来计算，主要材料的消耗量计算则是按照建筑装饰工程所在地的预算价格或市场价格计算。

需要明确的是，设备及安装工程预算（概算）多采用“设备及安装工程预算（概算）表”的形式呈现在大众面前，且一般按照构成单位工程的主要分部分项工程编制，具体数值的计算则是参考建筑装饰工程所在省、市、自治区颁发的预算（概算）定额（指标）或行业预算（概算）定额（指标），以及工程费用定额。此外，当建筑装饰工程预算（概算）定额或指标不能满足预算（概算）编制要求时，应编制“补充单位估价表”。

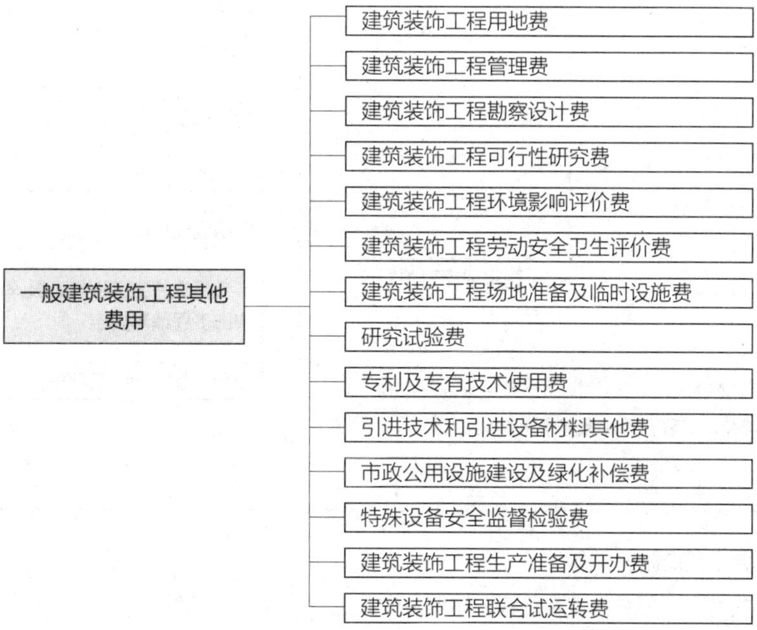

图2-3　一般建设项目其他费用

四、建筑装饰工程预算（概算）的调整

建筑装饰工程预算（概算）在经过建设部门批准后一般是不允许调整的，除非遇到特殊情况。此时，就需要建设单位调查、分析变更原因，申报主管部门审批同意后，再由原设计单位对其进行核实编制并调整（图2-4）。

五、建筑装饰工程预算（概算）书的编制

1. 编制依据

建筑装饰工程预算（概算）书在编制时需要参考大量的设计资料、经济资料，且预算（概算）书的编制内容也应当满足国家现行的相关规定（图2-5）。

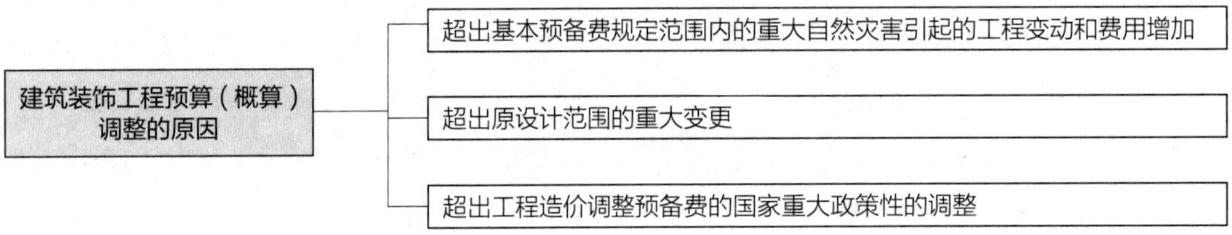

图2-4 建筑装饰工程预算（概算）调整的原因

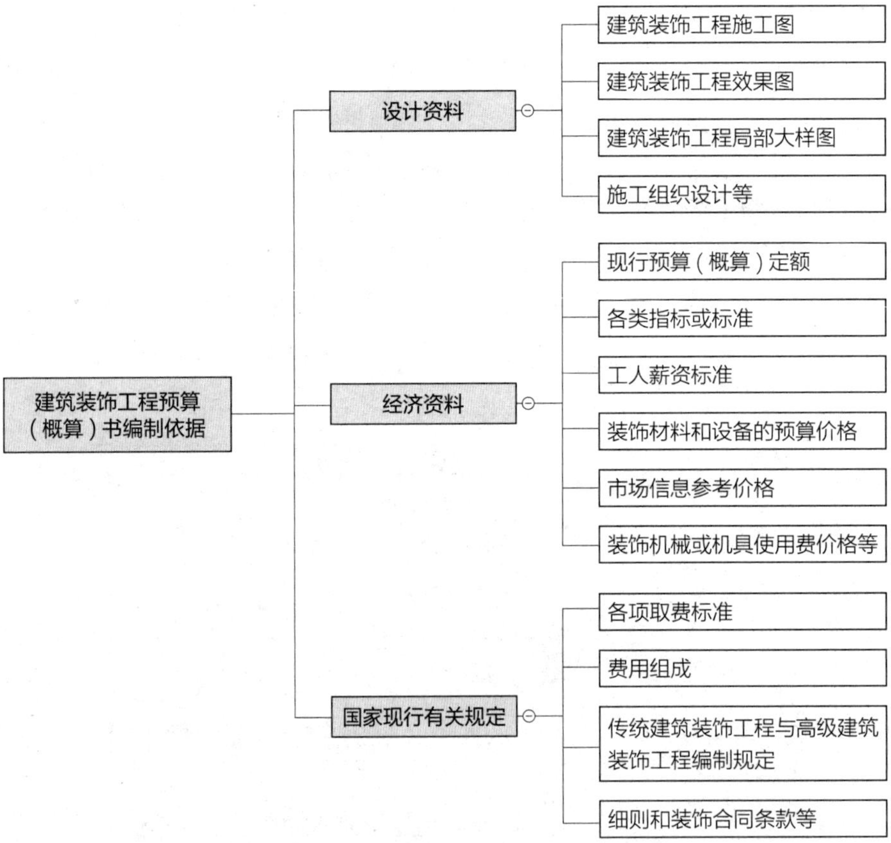

图2-5 建筑装饰工程预算（概算）书编制依据

★ 小贴士

单位工程预算（概算）的编制

单位工程预算（概算）一般分为建筑工程、设备及安装工程两大类，可采用“建筑工程概算表”的形式编制，且对于工程中的特殊结构，还可采用“造价指标”的形式编制。

2. 编制步骤

（1）熟悉建筑装饰工程的设计图纸。在了解和熟悉建筑装饰工程的设计图纸之后，需对其进行分析，明确图纸的设计意图，并修正图纸中已经确定的错误设计，在此基础上可开始计算整个建筑装饰工程的工程量。依据工程量，有关装饰预算（概算）定额，规定的分部分项装饰施工顺序以及装饰施工图立项，对建筑装饰工程预算（概算）定额的残缺部分进行核实的补充，并立项说明（表2-9）。

（2）套用定额基价，填写预算（概算）表。在编制建筑装饰工程预算（概算）书时需依据预算（概算）定额基价，以确保最后得出的数值不出错，预算（概算）表中各项数值的计量单位也需满足预算（概算）定额规定（表2-10）。

（3）计算小计金额。在建筑装饰工程预算（概算）表的基础上计算出各分部或分项的工程费用，其中包括人工费、材料费等合价小计，并进行汇总，汇总后计算出该分项工程的定额直接费，包括直接费中的人工费汇总，并列表记录（表2-11）。

表2-9 工程量计算表（示例）

工程名称		工程施工时间	开始时间	××××年××月××日	第 页 共 页
			结束时间	××××年××月××日	
序号	工程项目	单位	数量	计算方式	合计
1					
2					
3					
…					

注：表中具体数值应遵守建筑装饰工程工程量的计算规则

表2-10 建筑装饰工程预算（概算）表（示例）

建设单位：								
单位工程名称：		建筑面积/米^2：				第 页 共 页	××××年××月××日	
序号	单位估价号	工程项目名称	单位	数量	预算		其中：人工	
					单价	合价	单价	合价
1								
2								
3								
…								

表2-11 建筑装饰工程独立承包工程预算（概算）直接费汇总表（示例）

工程名称：						
序号	工程项目名称	直接费合计	其中			
			人工费/元	机械费/元	材料费/元	……
1						
2						
3						
…						
现场经费合计						
工程直接费合计						

（4）计算应取费用。完成单位装饰工程直接费计算后，就可以进行应取费用的计算。计算应取费用时应以之前计算好的人工费为基数，按照国家规定的现行的间接费费率计算出间接费，并将其列入建筑装饰工程的直接费总额项内，然后依次计算出以人工费为基数的利润额，将其纳入建筑装饰工程的间接费总额项下，以全部直接费、间接费以及利润之和为基数的税金额，并将其纳入到建筑装饰工程的利润总金额项内。

（5）计算相关预算（概算）价值及技术经济指标。所计算的建筑装饰工程的直接费、间接费、利润以及税金等费用经过审核、复查后需要再次汇总，并以此为基础，综合整理，计算出建筑装饰工程的工程造价。此外，还需依据建筑装饰工程的造价和装饰面积计算出单方的造价，即技术经济指标以及建筑装饰面积，并将其填入预算（概算）表的表头或封面中。

（6）填写编制说明、封面。在确定建筑装饰工程预算（概算）后，还需编写编制说明，主要应注明在编制预算（概算）书的过程中应该做出的文字解释，编制所依据的装饰图纸，预算（概算）定额，取费定额及标准，计算材料差价的依据，编制补充单价的依据以及计算参考的基础资料和其他应注明的补充说明等（表2-12）。

（7）将预算（概算）装订签章成书。所有项目列清且相关费用计算清楚后即可将预算（概算）装订成书，后期建筑装饰工程的施工可依据此资料。成书过程中还需检查是否有漏项，并注意随时检查，以免出现纰漏，影响建筑装饰工程的施工进程。

补充要点

建筑装饰项目工程总预算（概算）书的组成

建筑装饰项目工程总预算（概算）书主要包括建筑装饰项目工程封面、建筑装饰项目工程总目录表、建筑装饰项目工程总说明表、建筑装饰项目工程总预算（概算）书、建筑装饰项目工程综合预算（概算）书、建筑装饰项目工程单位或部位装饰预算（概算）书、建筑装饰项目工程主要装饰设备、建筑装饰项目工程主要零部件以及建筑装饰项目工程材料用量表。

表2-12 单独承包建筑装饰工程预算（概算）书封面格式（示例）

××建筑安装工程

单独承包建筑装饰工程________算书

建设单位：________

施工单位：________

工程名称：________

建筑装饰面积（米^2）：________	装饰工程结构：________
檐　　高（米）：________	工程地点：________
预算总价（元）：________	单方造价（元/米^2）：________
建设单位：________ （公章）	施工单位：________ （公章）
负 责 人：________	审 核 人：________ 证　　号：________
经 手 人：________	编 制 人：________ 证　　号：________
开户银行：________	开户银行：________
××××年××月××日	××××年××月××日

补充要点

建筑装饰工程设计预算（概算）文件的编制程序和质量控制

1. 参与编制的相关部门应一同制定编制原则及编制方法，并确定合理的预算（概算）投资水平，力求对建筑装饰工程的编制质量和投资水平负责。

2. 参与编制的相关人员应对建筑装饰工程的全部设计预算（概算）的质量负责，且在编制过程中，各方人员应积极参与编制讨论，相关工作人员也应树立以经济效益为中心的观念，严格按照国家规定的现行的，且经过批准的工程内容及投资额度设计，并提出合理的、能够满足预算（概算）文件编制深度的技术资料。

3. 编制文件结束后还应经过编制部门自审、建设单位（项目业主）复审以及工程造价主管部门审批等多项程序，以确保建筑装饰工程预算（概算）书的质量。

4. 参与编制的人员与参与审查的人员均必须具有国家注册造价工程师资格，或具有省市（行业）颁发的造价员资格证，并能依据建筑装饰工程项目的大小，按持证专业承担相应的编审工作。

第三节 建筑装饰工程预算（概算）审查与审核

审查，一般是指编制人员和编制单位对建筑装饰工程预算（概算）进行自审，而审核则是指授权单位以及造价工程师对建筑装饰工程预算（概算）进行审定确认，所有的建筑装饰工程预算（概算）必须经过审查和审核，且确定无误后才可使用。

一、审查、审核的作用

（1）对建筑装饰工程预算（概算）的审查与审核能够确认其工程量的计算是否准确，也能使预算（概算）充分且正确的反映建筑装饰工程造价，对于控制成本和投资额度有很大帮助。

（2）建筑装饰工程预算（概算）的审查与审核能有效防止任意扩大投资规模或故意压低投资，从而导致实际造价大幅度突破预算的现象发生。

二、审查、审核的形式

1. 独立审查与审核

独立审查与审核主要是指在建筑装饰工程预算（概算）完全编制好后，交由施工企业单独自审，确定没有任何错误后再移交建设单位进行再次审核。

2. 多方会审

多方会审是指由建设单位或业主、设计单位、施工单位、工程造价咨询单位或工程造价管理部门联合组成审查小组，对建筑装饰工程预算（概算）进行具体的会审工作，一般建筑工程较大的会采取此种形式进行审查。

3. 委托审查与审核

委托审查与审核是指由建设单位或业主将建筑

装饰工程预算（概算）委托给具备审查与审核资格的单位或工程造价咨询部门进行项目的审查。

三、审查的原则

（1）重点审查、审核建筑装饰工程工程量的计算是否准确，工程计量单位是否正确等，只有审查好工程量的准确程度，建筑装饰工程的预算（概算）才能更具备科学性和准确性。

（2）熟悉建筑装饰工程设计图样、相关费用定额以及预算定额等，这样能保证建筑装饰工程预算（概算）在编制过程中不会有遗漏的项目，这也是对工程造价人员最基本的职业要求。

（3）掌握市场上建筑装饰材料的价格，一方面能控制建筑装饰预算（概算）不超出建设单位的最高经济限额；另一方面也能把握好工程造价的准确性。

（4）相关费用的计算规则要符合国家规定，建筑装饰工程各项费用的计算不仅要遵循国家费用定额和有关文件的规定，同时还需明确哪些费用该计算在内，哪些费用不该计算在内，并能够从根本上掌握工程费用计算的基本方法，确保建筑装饰工程预算（概算）的准确性。

四、审查、审核的依据

建筑装饰工程预算（概算）在进行审查和审核时必定要参考大量的资料，这样得出的预算（概算）才是最具有科学性和准确性的（图2-6）。

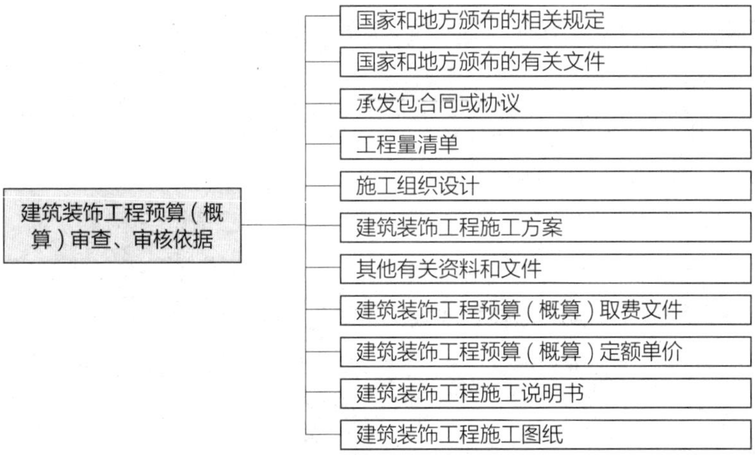

图2-6　建筑装饰工程预算（概算）审查、审核依据

补充要点

材料预算价格的组成

建筑装饰材料预算价格的组成具体可参考图2-7。

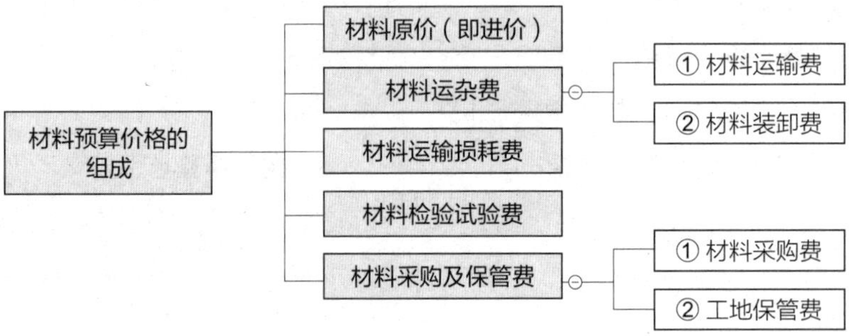

图2-7　建筑装饰材料预算价格的组成

五、审查、审核的方法

在对建筑装饰工程预算（概算）进行审查与审核时，可以采取总面积法、定额项目分析法、对比分析法、指标分析法、查询核实法、联合会审法、难点项目审查与审核法、重点项目审查与审核法以及全面审查与审核法等方法（图2-8～图2-10）。

六、审查、审核的内容

1. 工程量审查与审核

在编制建筑装饰工程预算（概算）时要审查建筑装饰工程的工程量是否与相应定额项目的计量单位一致，所计算的工程量数值是否有差错，工程量计算方法是否与定额规定的计算方法一致。此外，在执行工程量清单计价时，还需严格遵守《建设工程工程量清单计价规范》，并确保无太大的误差。

2. 审查并审核定额

（1）注意审查建筑装饰工程预算（概算）表中所列工程项目的名称、种类、规格以及计量单位等是否与预算（概算）表中所列的工程内容和项目内容一致。

（2）审查定额单价，定额规定不能换算的单价，不能因强调建筑装饰工程的特殊性而随意换算，且对于定额规定可以换算的单价，则必须要审查换算的依据、方法是否符合定额规定和国家相关规定。

（3）审查是否有遗漏项，在补充缺项定额单价时，要注意审查建筑装饰工程施工过程中，人工、材料消耗量以及数量的来源，所定的单价也要接近市场价格。

（4）审查材料单价，在编制建筑装饰工程预算（概算）时要充分考虑到材料单价会受市场变化以及材料数量的影响而有所改变。

（5）审查套用定额，为了避免浪费，避免套高定额项目的可能，在编制建筑装饰工程预算（概算）时要仔细审核施工图纸，确保其工程量不会多算、漏算。

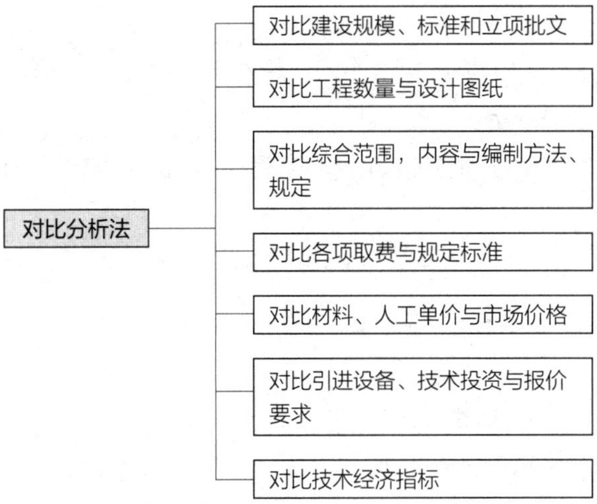

图2-8　对比分析法

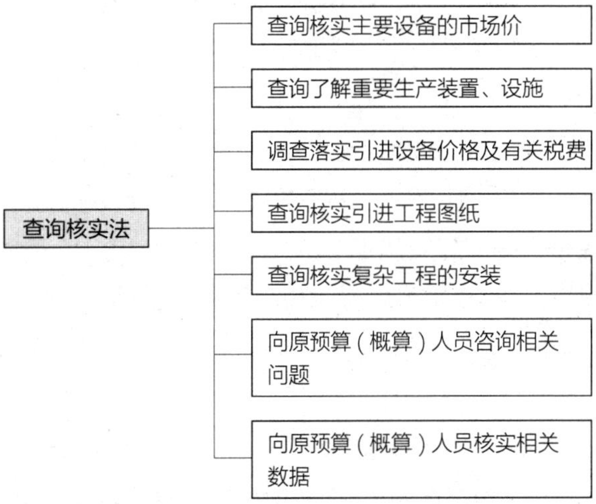

图2-9　查询核实法

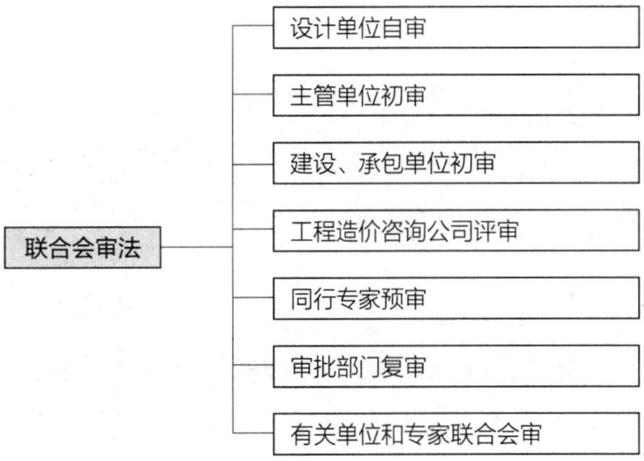

图2-10　联合会审法

3. 审查其他直接费

（1）审查有关费用的项目是否应计取或有所遗漏。

（2）审查应该计取的项目所采用的计取方式是否符合相关规定。

（3）审查所采用的计算费率的标准是否符合相关规定。

（4）审查建筑装饰工程的间接费、利润和税金。

七、审查、审核的步骤

1. 收集相关资料

收集建筑装饰工程预算（概算）编制的相关资料，并熟悉送审预算（概算）的资料文件、施工图纸、承发包工程合同或协议书和施工组织设计、施工方案等文件。

2. 深入勘查现场

深入施工现场，将理论与实际相结合，充分了解建筑装饰工程施工现场的施工情况，如交通运输情况、材料堆放情况、周边环境、施工环境、施工条件以及工期要求等。

3. 开始审查与审核

审查并审核建筑装饰工程的相关数据，包括工程量计算、工程量计算单位、材料单价、人工单价以及定额基价等，并做好相关的记录工作。

4. 后期整理

审查结束后，注意分类整理，并送交送审单位、设计单位和有关部门交换意见。

5. 审查定案

经过多方会审，确定无误后即可交由审查单位编制成书面文件，并送交有关部门，以供其记录于册。

八、审查、审核过程中出现的问题

1. 工程量与实际不符

审查、审核过程中出现的工程量问题多体现在部分施工单位未按照设计图纸施工，且存在偷工减料、以劣代新的情况，在申报预算（概算）项目时也常常自行增项或多算工程量。此外，由于建筑装饰工程的设计图纸规范还不够完善，很多施工图纸上不能明确地将细节尺寸一一标明，这就造成了施工单位不能获取完整的施工数据，施工结果满足不了工程量的计算和工程审查的需要，以至于造成在审查预算（概算）时格外困难。

2. 价格问题

价格问题主要体现在工程定价不完善，估价随意，估价不能符合当前的市场价格，材料价格管理混乱，联系单随意变更等方面。

3. 收费问题

收费问题主要体现在收费重复，收费与实际市场价格不符以及收费与市场定额不符等方面。此外，部分施工单位还会套高定额，变相抬高造价以达到谋取利益的目的。

九、审查、审核的质量控制

要保证审查、审核的质量，可以针对性的采取相应的措施，具体可参考图2-11。

补充要点

预算（概算）审查的阶段

建筑装饰工程预算（概算）审查可分为预算草案编制过程中的个别审查和国家预算草案编制完毕后的总体审查两个阶段。

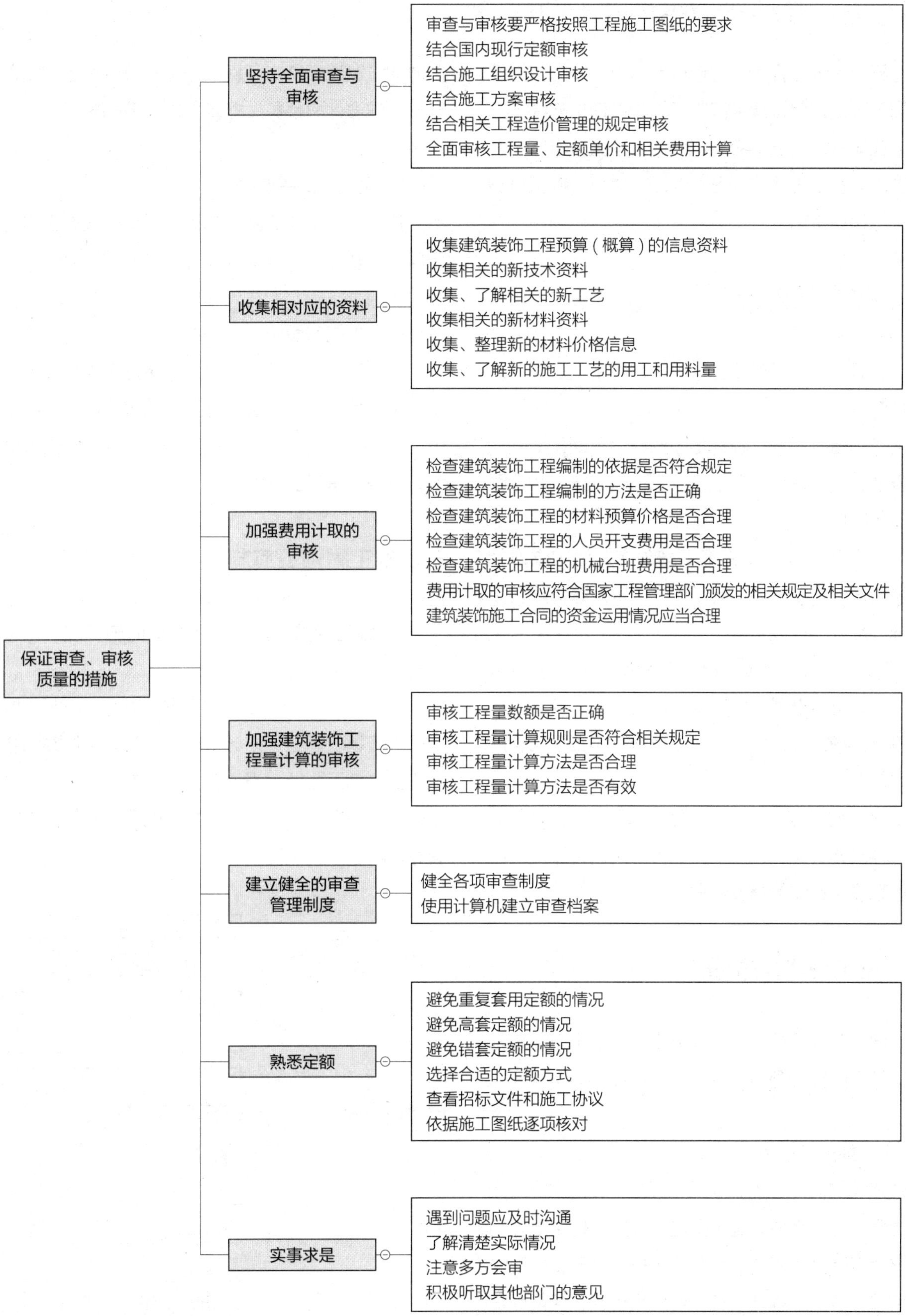

图2-11　保证审查、审核质量的措施

第四节　建筑装饰工程施工图预算

建筑装饰工程施工图预算是以施工图为依据编制的一种确定单位建筑装饰工程预算造价的经济文件，在编制时需要参考建筑装饰工程预算定额、费用标准以及工程所在地区的人工、材料、施工机械台班的预算价格。

一、施工图预算的作用

建筑装饰工程施工图预算的作用主要表现在以下几个方面：

（1）建筑装饰工程施工图预算不仅能帮助编制建筑装饰工程造价，还能进行工程款调拨和实行财务监督管理。

（2）建筑装饰工程施工图预算是施工图设计阶段合理确定和有效控制工程造价以及签订建设工程施工合同的重要依据。

（3）建筑装饰工程施工图预算是施工单位进行人工和材料准备、编制施工进度计划、控制工程成本、办理工程财务拨款、工程贷款和工程结算的有力依据。

（4）建筑装饰工程施工图预算是施工企业降低工程成本、实行经济核算、落实或调整年度进度计划和投资计划的重要依据。

二、施工图预算的组成

建筑装饰工程施工图预算主要包括施工图总预算、施工图综合预算和单位工程预算等。

1. 施工图总预算

建筑装饰工程的施工图总预算一般是由施工图综合预算汇总而成。施工图总预算的造价主要由组成该建筑装饰工程的各个单项工程综合预算以及经过审核计算的工程建设其他费、预备费、建设期贷款利息以及固定资产投资方向调节税汇总而成。编制时需注意建筑装饰工程的施工图总预算应控制在已批准的设计总预算（概算）投资范围内。

2. 施工图综合预算

建筑装饰工程的施工图综合预算一般是由组成该单项工程的各单位工程预算汇总而成。

3. 单位工程预算

单位工程预算又可分为建筑装饰工程预算和设备安装工程预算，单位工程预算的编制应依据施工图设计文件、预算定额以及人工、材料及施工机械台班价格等资料进行编制。

三、施工图预算编制依据

1. 经过相关部门批准和会审的施工图纸和设计文件

在编制建筑装饰工程施工图预算时，编制单位必须具备建设单位、设计单位以及施工单位共同会审的整套施工图纸，设计变更通知单，经过三方签署的施工图纸会审记录以及相关的各类施工标准图集等资料（图2-12）。

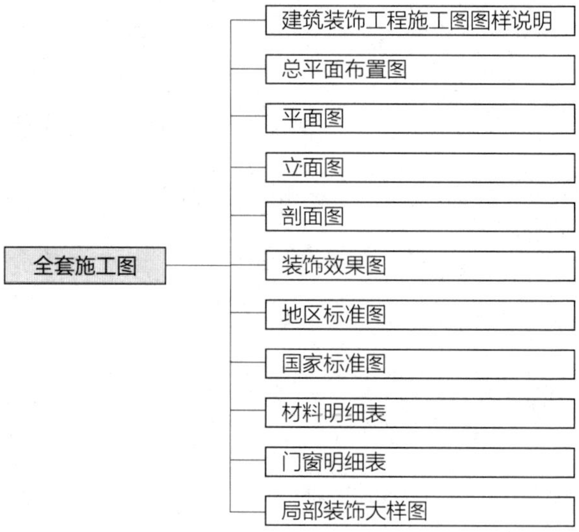

图2-12　全套施工图

2. 经过相关部门批准的设计总预算（概算）文件

经过批准的设计总预算（概算）文件是国家控制拨款或贷款最高限额的有力依据，同时也是控制单位工程预算（概算）的有力依据。在编制建筑装饰工程施工图预算时要控制好投资总额，并适当调整设计预算。

3. 既定的建筑装饰工程预算定额

符合规定的、现行的建筑装饰工程预算定额可以对施工工程的各分项工程项目进行比较详细的划分，同时也能很好的控制分项工程中的内容以及工程量的计算规则。此外，建筑装饰工程预算定额还能规定各个项目的人工、材料以及机械台班的消耗量，这也是编制建筑装饰施工图预算的基础资料。

4. 经过相关部门批准的施工组织设计或施工方案

建筑装饰工程施工组织设计不仅规定了建筑装饰工程各分部分项工程的施工方法、施工机具、构配件的加工方式、施工的进度计划以及施工现场的平面布置等内容，同时还是计算建筑装饰工程工程量、选套定额项目和计算其他费用的重要依据。

5. 相关费用定额或取费标准文件

根据地区的不同，相关费用定额也会有所变化，在编制建筑装饰工程施工图预算时要注意这一点。

6. 材料价格

材料费对建筑装饰工程施工图预算有很大的影响，施工地区的不同导致了运费的差异，因而导致了建筑装饰材料预算价格的不同。在编制施工图预算时应以相应地区的材料预算价格来进行定额调整或定额换算，这也是建筑装饰工程预算编制的主要依据。

7. 建筑装饰工程施工合同或施工协议书

建筑装饰工程的施工合同是承、发包单位必须遵守的经济契约，这也是双方按照有关法令和条例必须签订的协议。

四、施工图预算编制方法

建筑装饰工程施工图预算的编制方法主要有两种：单价法和实物量法。

1. 单价法

单价法又可分为定额单价法和工程量清单单价法。其中定额单价法要参考之前编制好的分项工程的单位估价表来进行具体的编制工作；工程量清单单价法则需招标人员按照国家统一规定的工程量计算规则来提供工程数量，并采用综合单价的形式计算建筑装饰工程最终的工程造价（图2-13）。

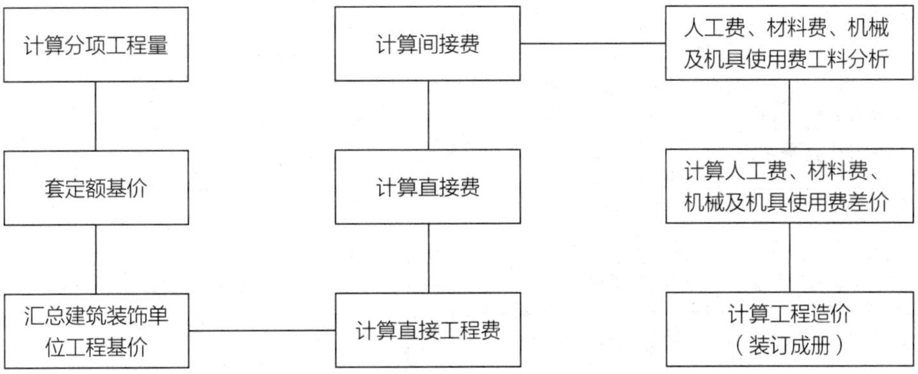

图2-13　单价法

补充要点

设备及工具、器具购置费组成

建筑装饰工程的设备购置费主要由设备原价和设备运杂费构成，工具、器具购置费以及生产家具购置费则是指按照建筑装饰工程的初步设计要求，在保证施工初期正常生产的前提条件之下必须购置的，没有达到固定资产标准的设备、仪器、生产家具和备品备件等所花费的购置费用，一般以设备购置费为计算基数，并按照国家规定的费率计算。

国产标准设备原价一般指设备的出厂价，其计算方式多种多样，常用的有综合单价法、定额估价法、成本计算估价法，系列设备插入估价法以及分部组合估价法运用的频次较少。

进口设备原价一般是指该建筑装饰工程使用设备的抵岸价，引进的设备费用主要分外币和人民币两种支付方式，外币部分多按照美元或其他国际主要流通货币计算。

2. 实物量法

实物量法主要依据施工图纸和预算定额的项目划分以及工程量的计算规则和计算原则来计算出分部分项的工程量，然后再套用预算定额，即实物量定额来编制具体的建筑装饰工程施工图预算（图2-14、图2-15）。

五、施工图预算的编制步骤

1. 收集相关资料

主要收集的资料包括通过多方会审审核通过的施工图样，已经批准的设计总预算（概算）书，施工组织计划，国家和地区主管部门颁布的建筑装饰工程预算（概算）定额、职工薪资标准、建筑材料预算价格、机械台班价格、单位估价表、工程施工合同以及预算（概算）工作手册等。

2. 熟悉施工图纸

建筑装饰工程的施工图纸是计算工程量、套用定额项目的重要依据，必须切实掌握施工图样的设计意图，掌握工程全貌，这也能保证编制建筑装饰工程施工图预算的准确性。

（1）整理施工图样。在编制之前应将施工总说明、平面图、立面图、剖面图和构造详图等按顺序进行整理，并将目录放在首页，装订成册。

（2）熟悉施工图样。熟悉建筑装饰工程施工

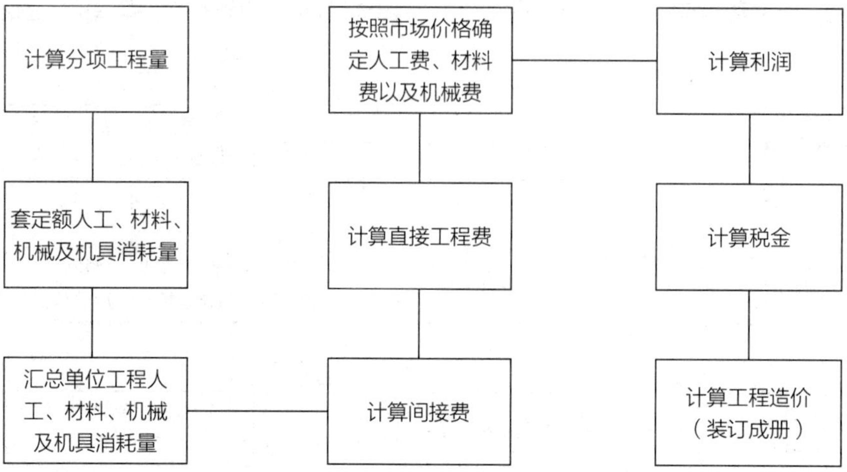

图2-14 实物量法

图样能更深入地了解建筑装饰工程，其主要目的可参考图2-16。

（3）审核施工图样。审核施工图样主要是为了确认装饰施工图纸是否绘制齐全，如果发现有遗漏，应当及时补全，以免影响后期施工。此外，在使用建筑装饰工程的施工图样时必须了解清楚标准图纸的应用范围，标准图纸规格尺寸的表示方法，标准图纸的设计依据，标准图纸的选用条件，标准图纸所使用的材料及施工要求等。

（4）交底会审。主要指施工单位在熟悉和审核施工图样的基础上，参加由建设单位主持、设计单位参加的施工图样交底会审会议，并能在会议过程中妥善解决施工图样交底和会审中发现的问题。

3. 熟悉施工组织设计

建筑装饰工程的施工组织设计是施工单位依据施工图样以及组织施工的基本原则和上级主管部门的有关规定及现场的实际情况等资料编制的，对于

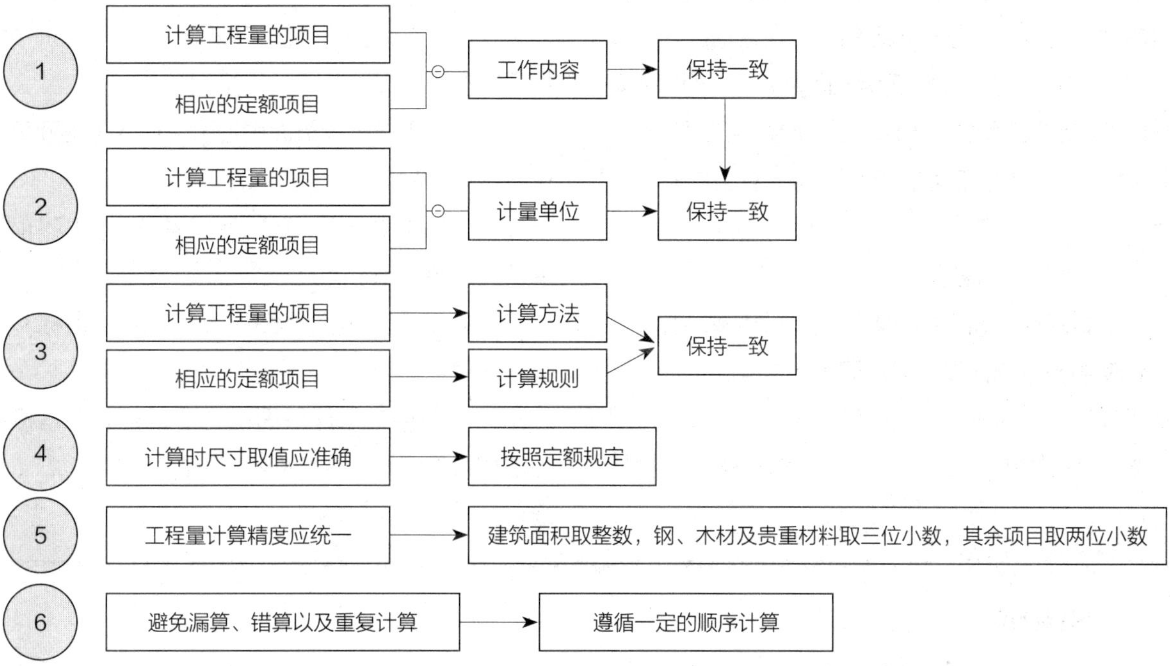

图2-15 建筑装饰工程施工工程量的计算原则

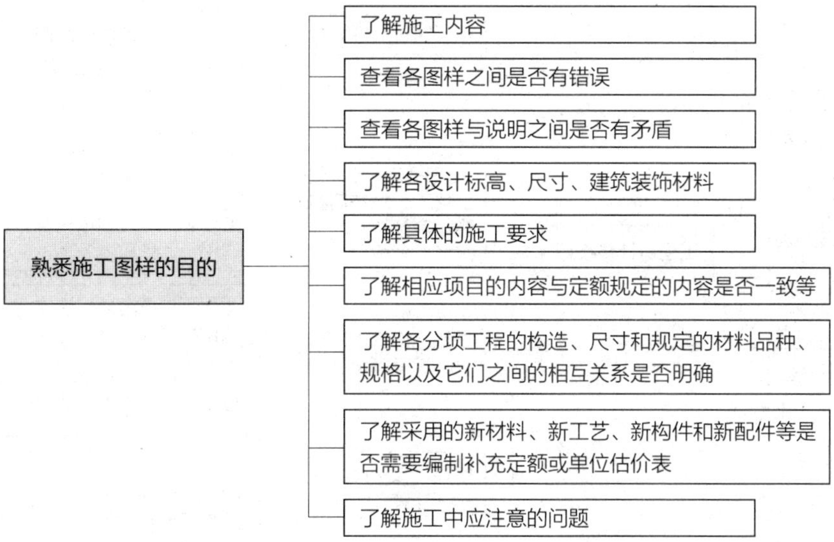

图2-16 熟悉施工图样的目的

指导拟建工程施工过程中各项活动的技术、经济、组织有着重要作用。

4. 熟悉施工现场情况

熟悉施工现场情况，深刻了解施工方法、机械选择、施工条件以及技术组织措施，对编制更实际化和真实化的建筑装饰工程的施工图预算有帮助。

5. 熟悉预算定额

熟悉预算定额是编制建筑装饰工程施工图预算的基本要求，这不仅包括熟悉和了解现行地区建筑装饰工程预算定额的内容、形式和使用方法，同时还要求能够结合施工图样，迅速、准确地确定工程项目，并依据设计要求和工程量计算规则来计算工程量。

6. 计算费用总和

计算费用总和主要指人工费、材料费以及施工机具使用费用的计算，当建筑装饰工程的工程量计算无误时，应将施工图纸中已确定下来的计算项目和与其相对应的预算定额中的定额编号、计量单位、工程量、预算定额基价及相应的人工费、材料费、施工机具使用费等填入工程预算表中。

7. 计算其他费用

除去基本的建设费用，在编制建筑装饰工程施工图预算时还需计算企业管理费、利润、规费以及税金，一般要依据各地主管部门所规定的费用定额或取费标准中的费用“计算程序”和计费标准计算。

8. 计算工程技术经济指标

计算建筑装饰工程施工图预算的各项经济技术指标时要遵守以下几个计算规则：

（1）每平方米建筑面积造价指标 = 工程预算造价 ÷ 建筑面积。

（2）每立方米建筑体积造价指标 = 工程预算造价 ÷ 建筑体积。

（3）每平方米建筑面积人工量消耗指标 = 人工量 ÷ 建筑面积。

（4）每平方米建筑面积主要材料消耗指标 = 相应材料消耗量 ÷ 建筑面积。

补充要点

工程量计算技巧

建筑装饰工程工程量的计算技巧具体可参考图2-17。

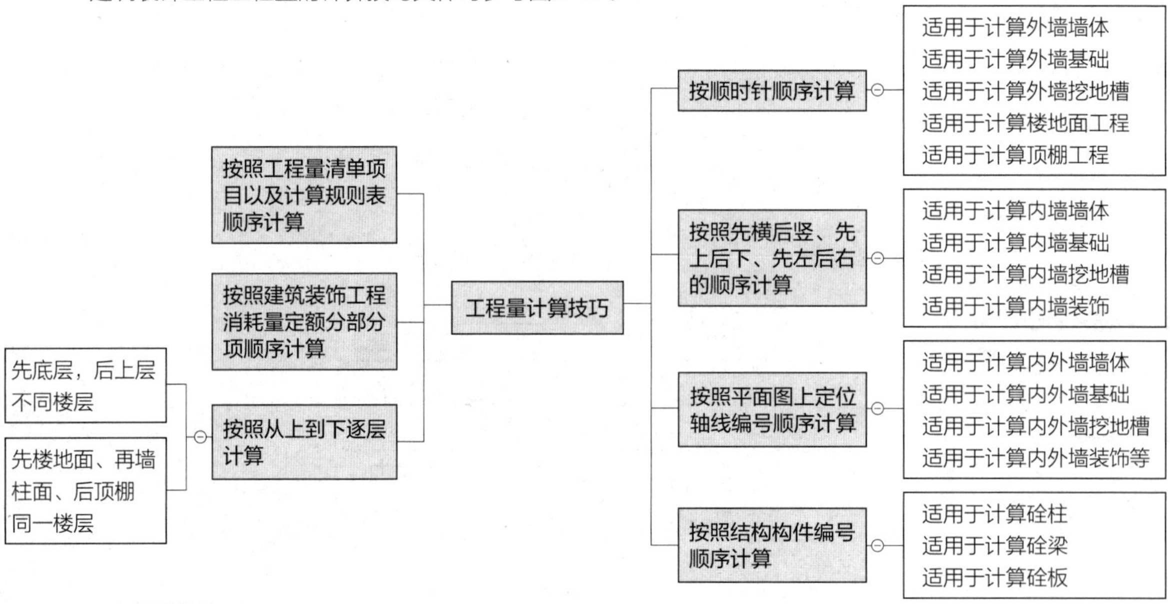

图2-17 工程量计算技巧

9. 编制主要材料汇总表

根据建筑装饰工程分部分项的工程量，依据定额编号查询出各分项工程定额计量单位人工和材料的数量，并计算出相对应的分项工程所需的人工和材料的消耗量以及该项工程所需的人工和材料的总消耗量，最后将其汇总至《工料分析表》中（表2-13）。

表2-13 工料分析表（示例）

工程名称:											第 页
定额编号	项目名称	工程量		综合人工（工/日）		42.5 级水泥 /kg		材料名称（单位）		…	
		单位	数量	定额	合计	定额	合计	定额	合计	定额	合计
…											

10. 编制建筑装饰工程施工图预算书

（1）校对。根据施工图预算的相关资料，审核、校对建筑装饰工程的施工图预算书，确保建筑装饰工程施工图预算的质量。

（2）编写编制说明。所编写的编制说明要包括编制对象、工程概况、编制依据、施工地点、施工项目、施工企业资质等内容。

（3）整理、装订。编制完成后即可填写建筑装饰工程施工图预算的各种表格，主要包括封面、编制说明细节、工程费用计算表、工程计价表等，并将其整理、装订。

补充要点

建筑装饰工程施工图预算审查的依据

建筑装饰工程施工图预算审查的依据主要有以下几项：

1. 针对建筑装饰工程施工图预算的国家或地方现行规定的各项方针、政策和法律法规。
2. 建设单位与施工单位双向认可并经审核的施工图纸及相应的附属文件。
3. 建筑装饰工程承包合同或相关招标资料。
4. 国家规定的、现行的建筑装饰工程预算定额及相关规定。
5. 各种经济信息，如建筑装饰材料的动态价格以及造价信息等资料。
6. 各类工程变更和相对应的经济洽商资料。
7. 设计初期拟定采用的施工方案、现场地形及周边环境等资料。

第五节 建筑装饰工程施工预算

施工预算是施工单位依据建筑装饰工程施工图纸、施工定额、施工及验收规范、标准图集以及施工组织设计（或施工方案）编制的单位工程（或分部分项工程）预算造价的经济文件。

一、施工预算的内容

建筑装饰工程施工预算包含的内容较多，主要包括以下几项：

（1）建筑装饰工程分层、分部位、分项工程的工程量指标。

（2）建筑装饰工程分层、分部位、分项工程所需的人工、材料以及机械台班消耗量指标。

（3）依据人工工种、材料种类以及机械类型分别计算的消耗总量。

（4）依据人工、材料和机械台班的消耗总量分别计算的人工费、材料费和机械台班费，以及按照建筑装饰工程分项工程和单位工程计算的直接费用。

二、施工预算的作用

建筑装饰工程施工预算的作用主要表现在以下几个方面：

（1）是施工企业编制施工计划、材料需用计划、劳动力使用计划，以及对外加工定货计划的重要依据，同时还是施工企业实行定额管理和计划管理的主要依据。

（2）是建设单位签发施工任务书，实行限额领料，实行班组经济核算以及奖励的重要依据。

（3）是建设单位检查和考核施工图预算编制是否正确的主要依据，同时建筑装饰工程施工预算也有助于控制成本，开展经济活动分析以及督促技术节约措施贯彻执行。

三、施工预算编制原则

1. 材料用量要考虑全面

在选择材料的用量时要考虑到材料的消耗量，同时编制施工预算所采用的材料单价需按照市场价确定，材料单价一般由材料管理部门提供，人工工日则需按照施工合同规定或现行的施工预算定额确定，人工单价（或劳务承包单价）按施工合同确定或按公司现行标准执行。此外，需注意的是，施工预算只编入直接费、现场管理费，间接费和税金等费用，不编入施工预算。

2. 与实际工程结合

建筑装饰工程施工预算在编制时应结合实际的工程具体情况，依据便于使用、便于管理的原则，按照专业的不同，系统的不同以及层、段的不同来进行具体的编制工作。在编制过程中需要明确的是，不同层段的施工预算可只编制标准层施工预算，但应在编制说明中注明相对应的适用范围。

3. 施工预算的项目应齐全

在编制建筑装饰工程施工预算时必须保证所列的项目无漏项，且在编制时分部要合理，列项要有序。

4. 运用制定的编制软件

建筑装饰工程施工预算应采用指定的概预算软件编制。

5. 相应价格和用量需统一

在编制建筑装饰工程施工预算时需要逐步统一建筑材料库、市场价格以及材料耗用量，并建立统一的施工预算编制体系，这也能为快速、准确、实际地编制建筑装饰工程施工预算提供有力依据。

6. 施工预算费用与技措费计划、降低成本计划相结合

在编制建筑装饰工程施工预算时要遵守相关的规定与标准，如标准人工定额消耗量、标准人工单价等，且施工预算的费用也需以技措费形式（超预算部分）或降低成本计划形式（低于预算部分），由项目部报公司进行审批。

四、施工预算编制方法

建筑装饰工程施工预算的编制方法主要有实物法、实物金额法和单位估价法三种。

1. 实物法

实物法是依据建筑装饰工程的施工图纸和施工定额，结合施工方案或施工组织设计确定的施工技术措施，一般在计算出工程量后，需要套用施工定额，结合相关资料，分析汇总人工和材料数量，但最终不会进行计价，只通过实物消耗数量来反映其经济效果。

2. 实物金额法

实物金额法是通过实物数量计算人工费、材料费和直接费的一种方法，在进行建筑装饰工程施工预算的编制时，主要依据实物法计算出人工和各种材料的消耗量，再分别乘以所在地区的工资标准和材料单价，以求出人工费、材料费和直接费，通过展示各项费用的金额数量来反映其经济效果。

3. 单位估价法

单位估价法主要是依据建筑装饰工程施工图纸和施工定额的有关规定，同时结合施工技术措施，列出工程项目，计算工程量，套用施工定额单价，逐项计算后汇总直接费，并分析汇总人工和主要材料消耗量，同时列出明细表，最后汇编成册。

五、施工预算编制步骤

建筑装饰工程施工预算编制时，可参考已会审的施工图纸、说明书以及施工方案，具体可按图2-18中的步骤编制。

补充要点

施工预算与施工图预算的区别

1. 适用对象不同。施工预算适用于施工企业，是施工企业控制实际施工成本的依据，一般在保证施工质量和施工工期的前提下，施工预算越小越好。施工图预算则适用于发包单位或业主，一般在各分项、分部工程量计算准确的情况下，施工图预算越大越好。
2. 工作量不同。任何一个建筑装饰工程都需要编制施工图预算，施工图预算所计算的数额是施工企业的项目承包收入。此外，相对于施工预算来说，施工图预算所要计算的工程量要多一些，审核流程也较之要多一些。

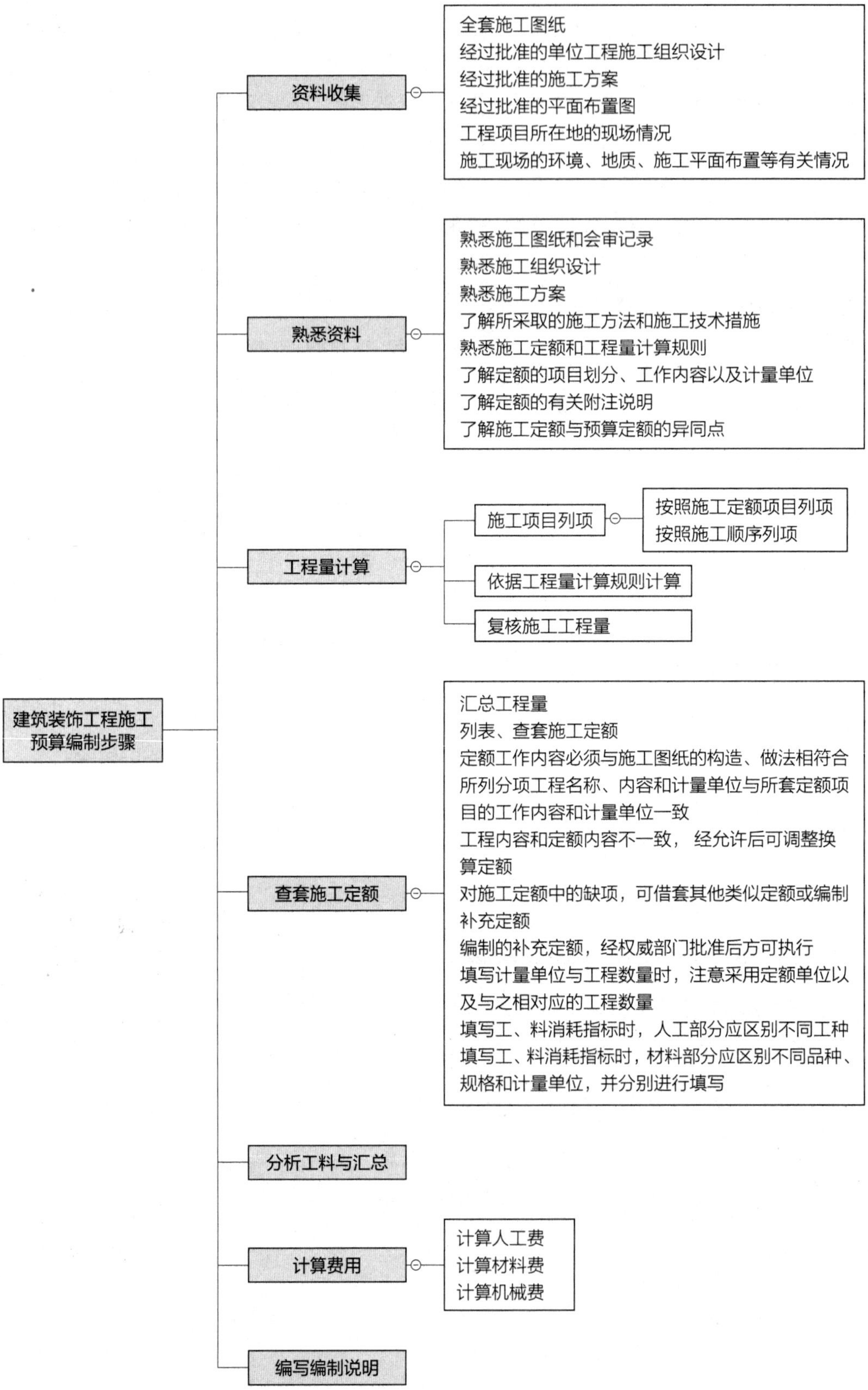

图2-18 建筑装饰工程施工预算编制步骤

第六节 实例分析：园博会会馆装饰工程预算（扫码下载案例）

案例二维码

S 本章小结

建筑装饰工程预算（概算）的存在是为了更好地执行建筑装饰工程，在编制时需要相关人员具备良好的职业素质及足够深厚的知识储备，唯有这样，所编制的建筑装饰预算（概算）的质量才能得到保障。

P 课后练习

1. 建筑装饰工程预算（概算）有哪些作用?
2. 建筑装饰工程预算（概算）的编制依据有哪些?
3. 如何编制建筑装饰工程预算（概算）?
4. 建筑装饰工程预算（概算）的具体编制有哪几步?
5. 建筑装饰工程预算（概算）书如何编制?
6. 编制建筑装饰工程预算（概算）需要做哪些准备?
7. 建筑装饰工程预算(概算)如何进行审查与审核?
8. 建筑装饰工程预算（概算）审查与审核的依据有哪些?
9. 建筑装饰工程施工图预算的编制方法有哪些?
10. 建筑装饰工程施工图预算的编制步骤有哪几步?
11. 如何编制建筑装饰工程施工预算?

第三章

建筑装饰工程结算与竣工决算

案例图纸

PPT 课件

» 学习难度：★★★★☆

» 重点概念：结算内容、结算编制、决算内容、决算编制

» 章节导读：本章将分别讲解建筑装饰工程结算和竣工决算的内容以及其具体的编制方法、编制程序、编制原则以及相关的编制依据等。

第一节　建筑装饰工程结算内容

建筑装饰工程结算是建设工程承包方与发包方办理建筑装饰工程结算的重要依据，是建设工程承包商在单位工程完工后，依据施工合同、设计变更、现场技术签证以及相关费用签证等资料编制，用以确定建筑装饰工程造价的一种经济文件。

一、建筑装饰工程结算的意义

1. 反映工程进度

建筑装饰工程结算一般是依据现场已经完成的工程量来进行结算的，因此，依据累计结算的工程价款占建筑装饰施工合同总价款的比例，可以近似地反映出装饰工程的进度情况，这也有利于准确地掌握工程进度。此外，工程结算也从侧面上反映了承包商所完成的工程量越多，所应结算的工程价款也越多，这一点在编制建筑装饰工程结算时需注意。

2. 加速资金周转

在规定时间内或提前完成建筑装饰工程结算的计算不仅能够帮助承包商尽早实现资金回笼，降低企业或建设部门内部的运营成本，同时也能通过加速资金周转来提高资金使用的有效性。

3. 考核具体经济效益

建筑装饰工程结算无任何遗漏项，工程价款可以按期、如数结算，承包商才能获得相应的利润，才能达到预期的经济效益。

二、建筑装饰工程结算的内容

（1）相关的招、投标文件以及计价文件规定。

（2）建筑装饰工程施工合同、有关协议及相关证明（表3-1～表3-6）。

（3）已经甲方审核批准的施工组织设计，施工组织设计中所涉及的内容均需作相关的签证处理（图3-1）。

（4）建筑装饰工程施工图纸会审和设计变更。

（5）图纸会审和施工方案讨论过程中必要的会议记录、监理技术交底以及临时派工单。

（6）施工过程中相关的隐蔽记录和工程进度证明（图3-2）。

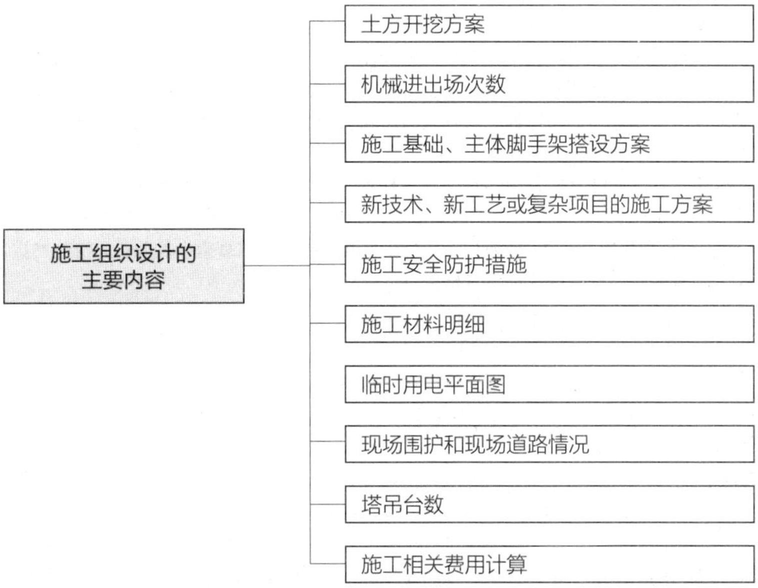

图3-1　已经甲方批准的施工组织设计的主要内容

（7）建筑装饰工程施工过程中的相关经济签证，注意比较重要的经济签证应该将其具体的内容列项逐一说明。

（8）乙方所选购的施工材料价格认定单、购货凭证以及定购合同等有效证明，一般施工材料的预算价格为：预算价＝材料采购价＋运杂费＋包装费＋供货手续费＋采购保管费。

（9）甲方提供的施工材料明细表，包括材料的规格、供应数量、退还数量、单价以及具体的使用部位等。

（10）外包项目工程所签订的合同或协议、各类包工项目工程的单价。

（11）甲方外包项目工程说明书。

（12）乙方提供的选材明细表，主要包括所选材料的规格、用量、采购价格明细。

（13）施工用水、电的单价和数量，以及施工用项说明、图纸外增加内容说明、施工中发现的图纸问题及解决情况说明。

（14）工程成本报告书、工程结算书、审计报告书。

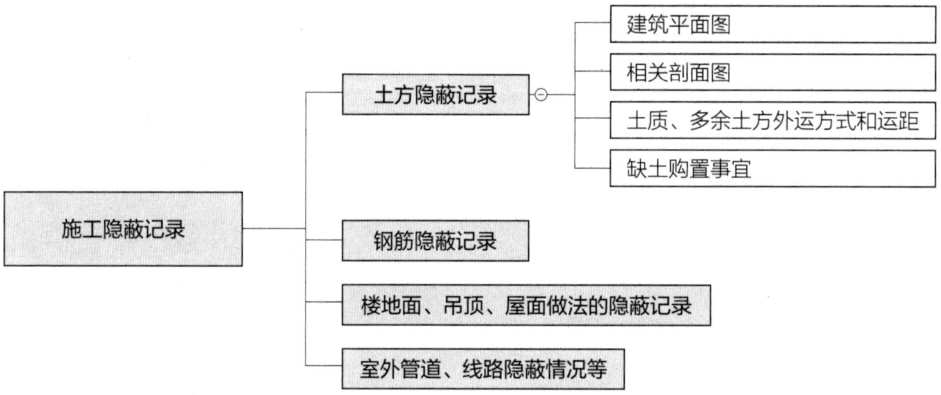

图3-2 施工隐蔽记录

表3-1 建筑装饰工程结算通知书（示例）

建筑装饰工程结算通知书 致____________（承包商）： 目前__________工程已完全施工结束，且已具备工程结算条件，请贵司（或单位）于____年____月____日之前将已经审核且合格的建筑装饰结算资料报送至我司（或单位）工程部（联系电话：__________）。若因结算资料未按时报送，导致不能按时办理工程结算、付款等后果，本司（或单位）不承担责任。 需注意，报送的建筑装饰工程结算资料必须确保真实、完整，在审核过程中本司（或单位）将不再另外接收工程结算资料，包括施工图纸、经济签证以及设计变更单等。审核过程中所发现的遗漏项目在原则上将不作增加和调整，特殊情况则需在甲、乙双方均同意的情况下才可增补。 为节省核对时间，报送的建筑装饰工程结算资料内容必须真实有效，不得出现高估冒算的情况。如贵司（或单位）报送的工程结算报价超过最终审定价的5%，则所有的审核费用由承包人承担；如果工程结算报价超过最终审定价的10%，则将扣取超出部分造价的5%作为罚款（不包含审核费用），本司（或单位）有权在建筑装饰工程结算款中扣除；如情节严重者，将取消贵司（或单位）今后参与本司（或单位）工程的投标资格以及承包资格。 特此通知！ 公司（或工程部） （盖章） 年 月 日 签收单位：（施工单位名称）__________ 签收人：（施工单位签字）__________ 年 月 日
注：本通知书交由工程部即合同执行部门填写，随之附带完整的建筑装饰工程结算资料，并将其提交成本管理部，工程结算资料不完整则成本管理部有权拒收并不予结算

表3-2 建筑装饰工程结算工作交接单（示例）

工程项目名称	
施工单位	
实际施工范围简述	
按合同执行情况	1. 验收情况：□已通过 □未验收（或未通过）原因：______________ 2. 工期：合同工期：××××年××月××日至××××年××月××日 实际工期：××××年××月××日至××××年××月××日 工期延误/缩短：____天，奖/罚：____元 3. 质量奖/罚：奖金合计______元，索赔合计____元 4. 其他：______________
合同及图纸内容完成情况	□已全部完成 □未完成情况：______________________________ 该项目施工使用的施工图为________设计院（公司）××××年××月____版 施工和材料使用与施工图不相同部分说明（如果全部相同则不需要填写）：________
变更内容及签证完成情况	□无变更 □有变更并已经全部完成 其中属于设计变更____份 □变更未完成情况说明：____
结算资料齐备情况	1. 施工方报送的结算书：□有 □无 2. 竣工图纸：□有 □无 3. 签证：共______份 4. 结算资料：结算通知单、工程竣工验收证书、合同复印件等 5. *其他：________________________________
甲供材料设备	□无 □有，材料/设备简称：______________ 汇总清单附件后，共计______页
工程进行中索赔与扣款情况（包括但不限于：合同签证变更之外的增减款事项、工程遗留、施工现场清理、甲供材料、隐蔽工程等问题）	□无 □水费______元 □电费______元 □水电费、管理费依据合同比例扣款 □*索赔通知编号：______________ □其他扣款情况说明（扣款经办人需签字确认）：

工程部对本表格上述内容核对无误，符合办理工程结算的条件，并同意转交至成本部办理结算。

工程部经办人： 日期：××××年××月××日

工程部经理意见： 日期：××××年××月××日

成本部接受情况	成本部经办人： 日期：××××年××月××日

注：1. 粗黑线以上部分为工程主办人确认，粗黑线以下部分为成本部接收人结算资料确认

2. 填表人在“□”内划钩即为确认，注明“*”的内容可选填，其余内容均需做必要的说明

3. 本表一式两份，由工程部经办人填写，成本部、工程部各留存一份

表3-3　　　　建筑装饰工程竣工验收证书（示例）

<table>
<tr><td>工程名称</td><td colspan="2"></td></tr>
<tr><td>施工单位名称（盖章）</td><td colspan="2"></td></tr>
<tr><td colspan="3">工程概况（由承包方填写）：
包括建筑装饰工程的施工状况、施工范围、施工起止时间以及完工情况等
1.
2.
3.
…</td></tr>
<tr><td colspan="3">验收评定意见（由工程监理或现场专业工程师填写）：</td></tr>
<tr><td colspan="3">施工存在问题处理（由工程监理或现场专业工程师填写）：</td></tr>
<tr><td colspan="3">是否同意结算（由工程部经理勾选确定）：□同意；□不同意，理由：</td></tr>
<tr><td colspan="3">参验单位会签</td></tr>
<tr><td>施工单位（签字）：</td><td>专业监理工程师（签字）：</td><td>总监理工程师（签字）：</td></tr>
<tr><td>现场专业工程师（签字）：</td><td>工程部经理（签字）：</td><td>工程总监（签字）：</td></tr>
<tr><td colspan="3">注：本表格一式四份，施工单位存档一份，工程部、成本部以及行政部各执一份，无监理的工程项目可不填写</td></tr>
</table>

表3-4　　　　建筑装饰工程结算申报书（示例）

建筑装饰工程结算申报书

合同名称：________________　合同编号：________________

承包商：________________　合同金额（元）：________________

合同计价方式：________________________________

变更说明：1.________________________________

2.________________________________

3.________________________________

…________________________________

结算计算方式以及结算总价：

续表

结算审计承诺书：

____________________有限公司：

我方已完成本工程竣工结算资料整理以及相关编制工作，现向贵司（或单位）做出如下承诺：

1. 在审价过程中不再补充或增加任何结算资料，包括相关图纸、经济签证以及设计变更单等，对应的费用也将不再结算。

2. 在审价过程中如某些费用结算申请缺少相关图纸、经济签证以及设计变更单等支持文件时，同意贵司（或单位）将该费用扣除，不予结算。

3. 在审价过程中，若送审结算书中有遗漏项目均视为让利给贵司（或单位），不再作增加调整。

4. 在审价过程中，若送审结算书中项目的工程里有少算项目，均视为让利给贵司（或单位），不再作增加调整。

5. 审价结束，如果我司（或单位）报送的建筑装饰工程结算的造价超过最终审定价的5%，超过5%的审核费用由我司（或单位）承担；如超出最终审定的10%，我司（或单位）同意按超出部分造价的8%扣取结算造价为结算审核费。该费用我司（或单位）同意在工程结算款中扣除。

__________________公司（盖章）

编制人（签字）：____________　　负责人（签字）：____________

（盖章）　　（盖章）

日期：

表3-5　　建设单位付款情况表（示例）　　单位：元

合同名称			合同编号	
施工单位			合同造价	
累计已付款项	合同内款项		税票金额	
	合同外款项		税票金额	
	其他		税票金额	
	扣预付款			
	水电费			
	代付材料款			
	小计		税票金额	
累计已扣款项	代扣配合费			
	罚款			
	其他			
	小计			

截至　　年　　月　　日　　税票金额/元：

累计实际已付款/元：

财务经办人（签字）：　　财务会计（签字）：

（盖章）　　（盖章）

项目经理（签字）：　　财务出纳（签字）：

（盖章）　　（盖章）

施工单位财务章　　建设单位财务章

注：本表需与我司（或单位）财务人员核对无误后即可作为《建筑装饰工程结算申报书》的附件，报送至工程部作为结算的参考资料

表3-6 建筑装饰工程竣工结算造价协议书（示例）

建筑装饰工程竣工结算造价协议书			
工程名称		合同编号	
施工单位		开工日期	
		竣工日期	
合同造价（□包干总价 □暂定总价）： 元			
施工单位报送结算造价： 元			
序号	工程结算项目名称	金额／元	备注
1	双方确认最终审定结算造价		工程保修期：从 年 月 日起到从 年 月 日止，共计 年
2	其中应扣款项目小计		
2．1	罚款		扣款说明：
2．2	工期延误赔偿		扣款说明：
2．3	水费		扣款说明：
2．4	电费		扣款说明：
…			
3	质保金		质保金 %
4	应付余款		不含质保金
…			
甲方：（盖章） 代表：（签字） 日期： 年 月 日		乙方：（盖章） 代表：（签字） 日期： 年 月 日	
注：甲、乙双方共同申明：双方共同确认本协议书所写内容，有关债权、债务等以本工程结算为标准进行清偿，本协议一式六份，甲、乙双方各执三份			

补充要点

建筑装饰工程竣工验收报告

建筑装饰工程竣工验收报告包括工程概况，如工程名称、建设单位名称、工程面积与地址等，验收组组成情况，竣工验收内容，竣工验收组织形式和验收程序，竣工验收条件以及具体检查情况，工程验收结论以及单位工程质量综合验收文件等。

第二节　建筑装饰工程结算编制

一、建筑装饰工程结算编制文件

建筑装饰工程结算编制文件主要包括工程结算汇总表、单项工程结算汇总表、单位工程结算汇总表和分部分项（措施、其他、零星）工程结算表以及结算编制说明书等，且表格应按照规定的内容编制（表3-7）。

建筑装饰工程结算编制的具体说明可依据委托工程的实际情况，以单位工程、单项工程或建设项目为对象进行编制，主要说明内容可参考图3-3。

表3-7　　建筑装饰工程结算汇总表（示例）

序号	工程名称	金额/元	备注
一			
1			
2			
…			
二			
1			
2			
…			

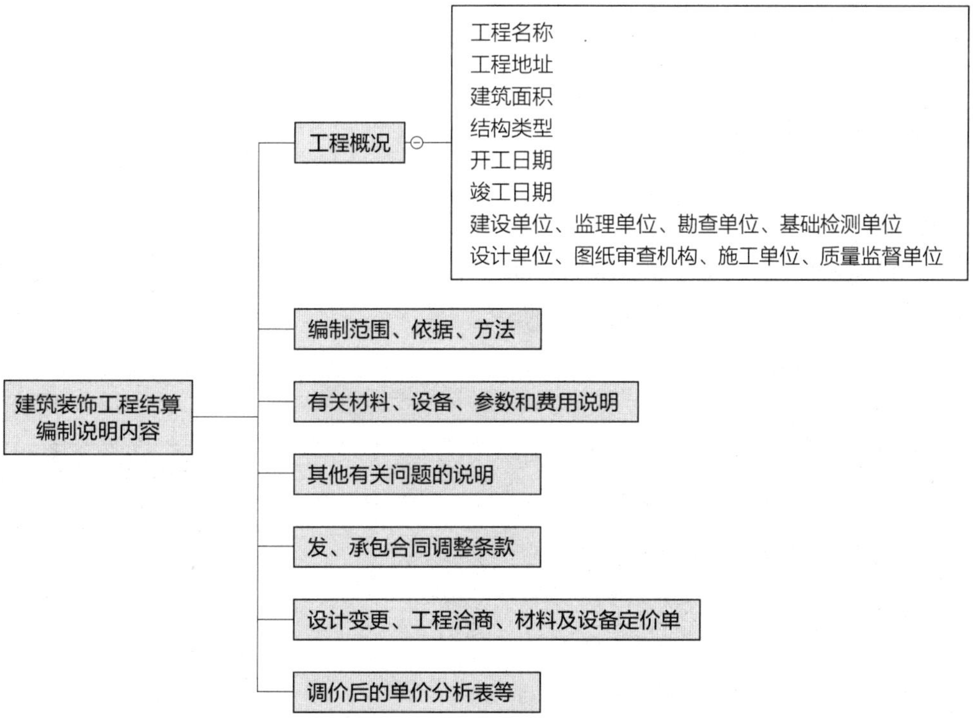

图3-3　建筑装饰工程结算编制说明内容

二、建筑装饰工程结算编制依据

建筑装饰工程结算在编制时更多地会参考工程计量、价格确定、工程计价有关参数以及率值确定等的基础资料，具体的编制依据如下：

（1）在建设期内影响合同的法律、法规和规范性文件。

（2）国务院建设行政主管部门以及各省、自治区、直辖市和有关部门发布的关于建筑装饰工程造价计价标准、计价办法、有关规定及相关注解。

（3）招、投标文件，包括招标答疑文件、投标承诺、中标报价书及其组成内容。

（4）施工发、承包合同，专业分包合同以及项目补充合同，有关施工材料及设备采购合同。

（5）建筑装饰工程竣工图或施工图、施工图会审记录，已经批准的施工组织设计或施工设计方案，开工、竣工报告或停工、复工报告以及设计变更单、工程洽商记录和相关会议纪要。

（6）建筑装饰工程施工材料及设备中标价和认价单。

（7）双方确认追加或减少的工程价款，结算编制委托合同以及影响工程造价的相关资料。

三、建筑装饰工程结算编制原则

1. 符合施工内容

建筑装饰工程结算的编制内容应当符合工程的施工内容或完成阶段，一般可按照竣工结算、分阶段结算、合同终止结算以及专业分包结算等形式进行具体的编制工作。

（1）建筑装饰工程结算应按照相对应的施工合同进行编制。所设计的项目在合同范围内时，编制建筑装饰工程结算应按照建设项目组成，并将各单位工程汇总为单项工程，再将各单位工程汇总为建设项目，编制相应的建设项目工程结算成果文件。

（2）按照竣工结算的方式进行建筑装饰工程结算的编制时，应当将各阶段工程的结算汇总，并编制相应的竣工结算成果文件。

（3）对于分阶段结算的建设项目，在编制其结算时应符合合同要求，且需出具各阶段建筑装饰工程结算的成果文件。此外，除合同另有约定，分阶段结算的工程项目，其工程结算文件还可用于价款支付（图3-4）。

（4）按照合同终止结算的方式进行建筑装饰工程结算的编制时，应依据已经完成工程的实际工程量和施工合同的有关约定，编制合同终止结算。

（5）按照专业分包结算的方式进行建筑装饰工程结算的编制时，应当依据各专业分包合同的要求，对各专业分包分别进行具体的工程结算编制工作。此外，总承包人应按照建筑装饰工程总承包合同的要求将各专业分包结算汇总在相对应的单位工程或单项工程结算内，并以此为参考，进行工程总承包结算工作。

2. 符合规定的计价模式和施工合同

建筑装饰工程结算在编制时应当区分不同的施

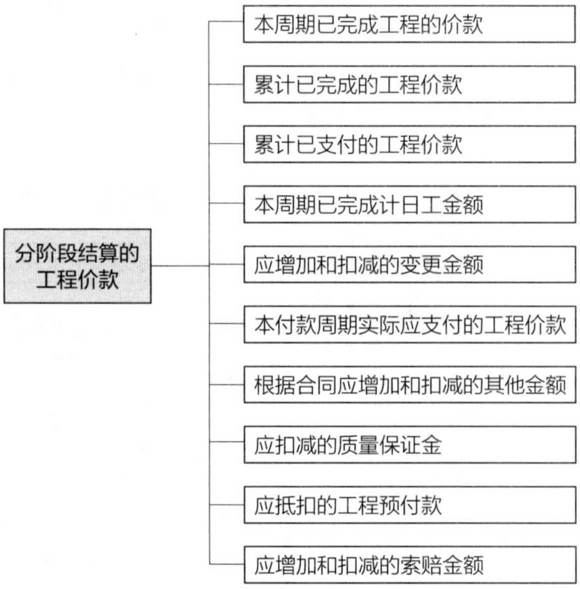

图3-4　分阶段结算用于价款支付时所包含的内容

工合同类型，并依据需要选择合适的施工合同，同时工程结算的编制还需符合规定的计价模式，并可采用相对应的工程结算编制方法。

（1）一般施工合同按照计价方式的不同可以分为总价合同、单价合同以及成本加酬金合同。

①采用总价合同的，在进行建筑装饰工程结算编制时，应当在合同价的基础上对设计变更、工程洽商以及工程索赔等合同约定进行合理的调整。

②采用单价合同的，在进行建筑装饰工程结算的编制时，其具体的工程量应当按照经发承包双方在施工合同中约定的方法对合同价款进行合理的调整。

③采用成本加酬金合同的，在进行建筑装饰工程结算的编制时，应当按照合同约定的方法计算各个分部分项工程以及设计变更、工程洽商、施工措施等内容的工程成本，并依据规定的计价方式计算酬金及有关税费。

（2）建筑装饰工程结算的计价模式一般分为单价法和实物量法，其中单价法又可分为定额单价法和工程量清单单价法。

四、建筑装饰工程结算编制方法

（1）建筑装饰工程如果采用工程量清单的方式计价，则其施工合同多选择单价合同，在编制工程结算时应以工程量清单单价法为编制依据。

（2）建筑装饰工程的分部分项工程费用应依据施工合同相对应的约定以及实际完成的工程量和投标时所定的综合单价等来进行具体的计算。

（3）施工合同中已经有适用于变更工程和新增工程单价的，可以按照已有的单价进行工程结算；施工合同中有类似变更工程和新增工程单价的，可以参考类似的单价进行工程结算；施工合同中没有适用或类似的变更工程和新增工程单价的，可以选择由承包人或发包人提出适当的工程单价，经双方确认不再更改后即可以此工程单价为依据进行工程结算。

（4）建筑装饰工程结算中所包含的措施项目费应当按照合同约定的项目和金额来计算，如果有发生变更和新增的措施项目，则应当以发、承包双方合同约定的计价方式来计算，其中措施项目清单中的安全文明费用应按照国家或省级、行、业建设主管部门的相关规定来计算。

（5）施工合同中未约定的与分部分项实体相关的措施项目，在结算时应当以该分部分项工程的实体工程量的变化以及双方确定的工程量和合同约定的综合单价为编制依据；独立性的措施项目，在结算时应该充分体现项目工程的竞争性，且应当以合同价中相应的措施项目费用为依据进行结算的编制工作；而与整个建设项目相关的综合措施项目，在结算时应当以投标时的取费基数及费率为依据进行具体的结算编制工作。

五、建筑装饰工程结算编制程序

建筑装饰工程结算的编制程序一般可以分为准备阶段、编制阶段和定稿阶段，定稿之后还需实行编制人、校对人和审核人分别署名盖章确认的编审签署制度。

1. 准备阶段

准备阶段主要是准备与工程结算相关的资料以及了解建筑装饰工程项目的工程概况（图3-5）。

2. 编制阶段

编制阶段所选择的工程结算编制人员应当按照其专业的不同分别承担不同工作范围内的有关工程结算的编制收集与整理工作，并编制相应的初步成果文件，编制人员应当对其编制的初步成果文件质量负责（图3-6）。

3. 定稿阶段

（1）检查、校对。编制结束应当交由相关单位的部门负责人对初步成果文件进行审核。

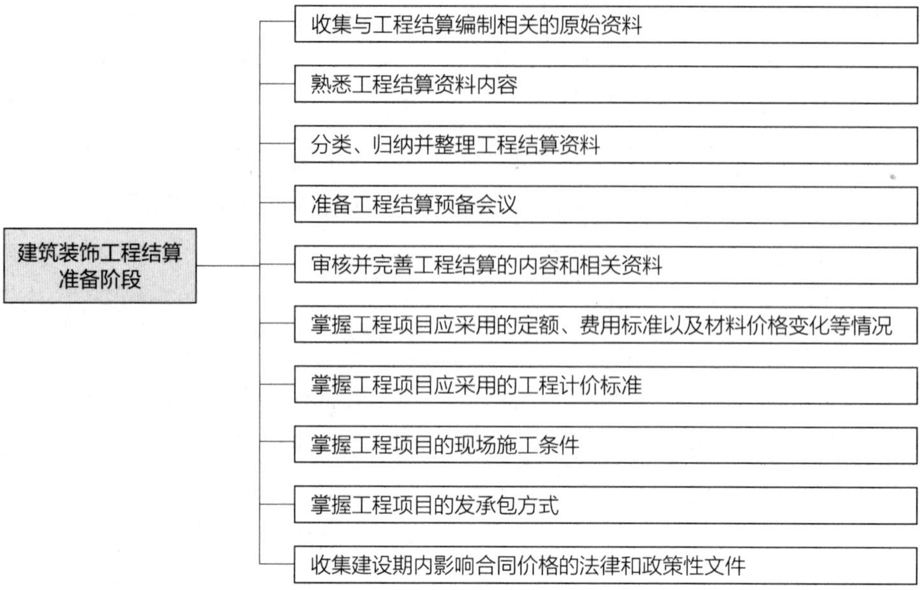

图3-5　建筑装饰工程结算准备阶段

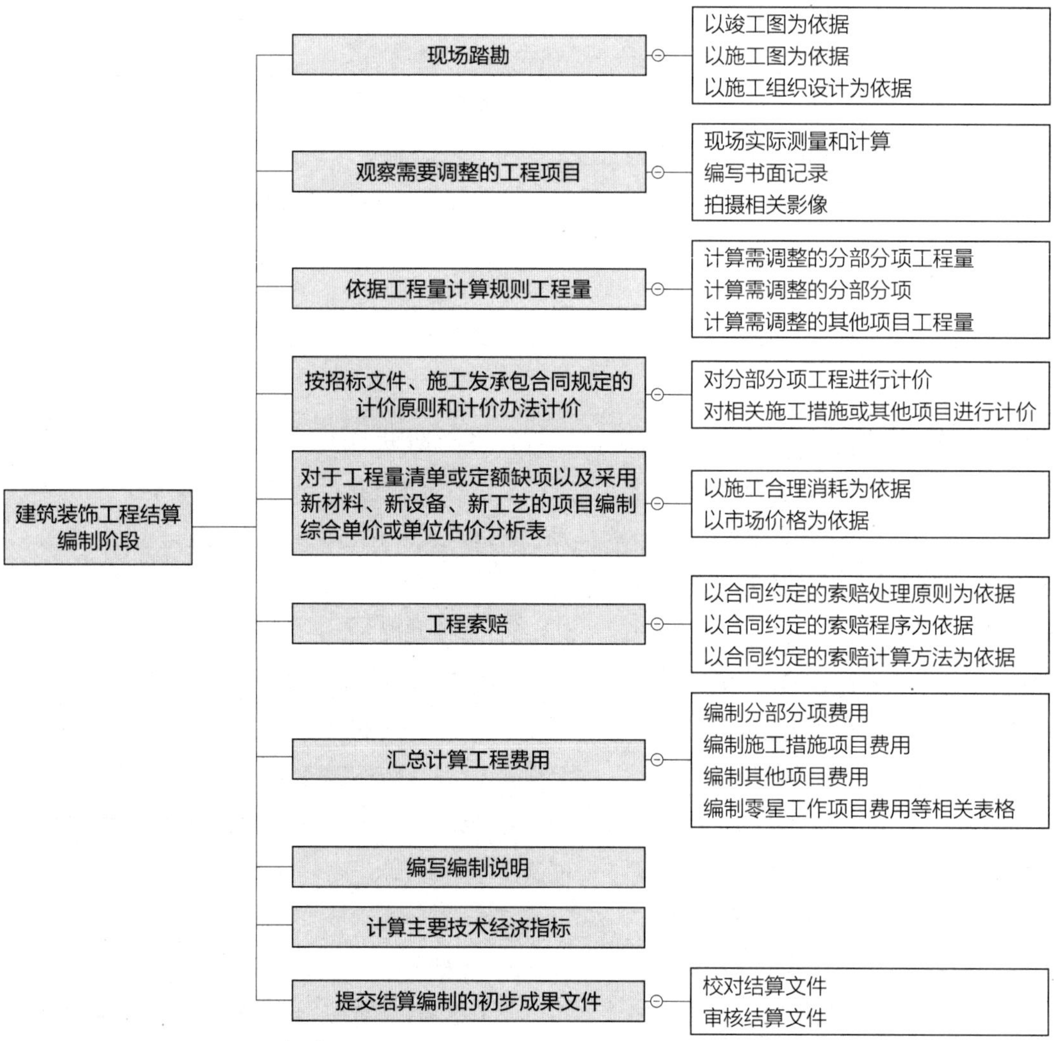

图3-6　建筑装饰工程结算编制阶段

补充要点

不同情况下的工程结算

1. 按日计算的工程项目费用应当按照发包人实际签证的数量和确定的事项进行结算。
2. 专业的建筑装饰工程结算费用应该按照中标价或发包人、承包人与分包人最终确认的分包工程价进行结算；总承包服务费用则要依据合同约定的结算方式进行结算；工程暂列的金额应当依据合同约定计算实际发生的费用，并将其分别列入相应的分部分项工程费、措施项目费中。
3. 建筑装饰工程的招标工程量清单漏项、设计变更以及工程洽商等费用应当依据施工图纸以及发、承包双方签证资料确认的数量和合同约定的计价方式来进行结算，其费用应当列入相应的分部分项工程费或措施项目费中。
4. 建筑装饰工程的索赔费用应当按照发、承包双方确认的索赔事项和合同约定的计价方式进行结算，其费用应当列入相应的分部分项工程费或措施项目费中。
5. 建筑装饰工程结算中的规费和税金应当按照国家、省级或行业建设主管部门的规费规定来计算。

（2）审定、盖章。审核确认无误后，工程结算审定人员即可对审核后的初步成果文件进行审定并盖章。

①工程结算编制人、审核人、审定人分别在建筑装饰工程结算成果文件上署名，并签署造价工程师或造价员执业或从业印章。

②建筑装饰工程结算文件经过编制、审核、审定后，工程造价咨询企业的法定代表人或其授权人应当在成果文件上签字或盖章。

③工程造价咨询企业还应当在正式的建筑装饰工程结算资料上加盖工程造价咨询企业执业印章。

六、建筑装饰工程结算审查

建筑装饰工程结算审查移交清单见（表3-8）。

1. 装饰形式的审查

在审查建筑装饰工程结算时，需明确该建筑装饰工程是属于前装饰还是后装饰，前装饰一般指传统装修，后装饰则指高级装饰工程。

2. 审查是否有漏盖章现象

在审查建筑装饰工程结算时，应当注意的是甲、乙双方在合同协议中签订的有关工程结算洽商变更的规定时，其洽商变更记录应当有设计单位、建设单位以及施工单位三方签字或盖章。

3. 审查是否有重复计价现象

在审查建筑装饰工程结算时，应当重点查看结算书中是否有重复列项以及重复计价的问题。

4. 审查各项价格是否合理

在审查建筑装饰工程结算时，应当重点审查各种材料的用量与价格，材料的暂付价以及材料的代用价等应当反复确认，且在进行换价时，应当按照预算的价格将其列入结算中。此外，对于各装饰工程项目的材料耗用量也需仔细审查。

5. 审查计取内容

在审查建筑装饰工程结算时，要审查项目工程的取费内容是否正确，如果是采用的报价形式，那么审查时就不能按照国家现行与规定的费率标准来计取各项费用。

表3-8 建筑装饰工程结算审查移交清单（示例）

报审单位		报审时间		××××年××月××日	
序号	资料名称	有（√）	无（×）	页数	备注
1	施工图纸或竣工图纸				
2	开、竣工报告				
3	施工合同、协议				
4	工程结算书				
5	招标文件				
6	招标答疑文件				
7	中标通知书				
8	中标企业的投标书				
9	地质勘探				
10	地形测绘资料				
11	图纸会审记录				
12	技术交底资料				
13	相关会议纪要				
14	相关会议备忘录				
15	相关会议联系单				
16	设计变更资料				
17	隐蔽工程验收记录				
18	现场签证资料				
19	施工组织设计				
20	施工方案				
21	形象进度资料				
22	设备、主要材料价格				
23	甲方供应设备明细表				
24	甲方供应材料明细表				
25	施工企业资质证明				
…					

注：1. 工程审核人员应当由专业负责人员和技术负责人员承担，并对其专业范围内的内容进行审核
2. 工程审核人员应当对其审核专业内的工程结算成果文件的质量负责
3. 工程审定人员应由专业负责人员和技术负责人员承担，并对建筑装饰工程结算的全部内容进行审定
4. 工程审核人员应当对其审核专业内的工程结算成果文件的质量负责

接收单位：
（盖章）

经办人：
（盖章）

日期：××××年××月××日

第三节　建筑装饰工程竣工决算内容

竣工决算一般由建设单位编制，编制人是会计师，指建设项目在竣工验收后，建设单位依据建筑装饰工程结算以及相关技术经济文件编制的，用以确定整个建设项目从筹建到竣工投产全过程的实际总投资的一种经济文件。

一、竣工决算的意义与作用

1. 竣工决算的意义

（1）建筑装饰工程竣工决算既能全面地反映建筑装饰工程的经济效益，也能帮助项目法人核定各类新增资产价值，同时还是办理其交付使用的重要依据。

（2）建筑装饰工程竣工决算可以很好地反映建筑装饰工程的实际造价和投资结果。

（3）可以通过竣工决算与概算、预算的对比分析，来考核建设部门投资控制的工作成效，从而总结经验教训，积累技术经济方面的基础资料，以达到提高未来建设工程投资效益的目的。

补充要点

申报竣工结算需提交的资料

申报竣工结算需提交的资料较多，具体可参考图3-7。

图3-7　申报竣工结算需提交的资料

2. 竣工决算的作用

（1）建筑装饰工程竣工决算是综合、全面地反映竣工项目工程建设成果及财务情况的总结性文件，它可以通过采用货币指标、实物数量、建设工期和各项技术经济指标等，综合、全面地反映建设项目的全部建设成果和财物状况。

（2）建筑装饰工程竣工决算可以有效地反映交付使用资产的全部价值，包括固定资产、流动资产、无形资产和递延资产的价值。

（3）建筑装饰工程竣工决算提供了交付使用资产的名称、规格、数量、型号和价值等明细资料，是使用单位确定各项新增资产价值并登记入账的主要依据。

（4）建筑装饰工程竣工决算能有效地分析和检查设计预算（概算）的执行情况以及考核投资效果。

（5）建筑装饰工程竣工决算能反映竣工项目计划、实际的建设规模、建设工期以及设计和实际的生产能力，还能反映建筑装饰工程预算（概算）总投资和实际的建设成本。

（6）建筑装饰工程竣工决算能反映建设项目所达到的主要技术经济指标，通过分析这些技术经济指标，可以更便捷的考核建设项目的投资效果，也能更科学的制订基建计划，对于降低建设成本，提高投资效果也有很大的帮助。

二、竣工决算的内容

建筑装饰工程竣工决算主要由竣工财务决算说明书、竣工财务决算报表、竣工工程平面示意图以及工程造价比较分析四部分组成。

1. 竣工财务决算说明书

竣工财务决算说明书主要用于展现建筑装饰工程竣工后的建设成果和建设经验，它可以对竣工决算报表进行适当的分析和补充说明，同时竣工财务决算说明书也是全面考核、分析工程投资与造价的书面总结资料。

（1）建设项目概况。建设项目包含内容较多，具体可参考图3-8。

（2）财务分析。财务分析主要包括建筑装饰工程价款结算、会计账务的处理、财产物资情况以及相关债权、债务的清偿情况等。

（3）资金分配。主要包括基本建设收入、投资包干结余以及竣工结余资金的上交分配情况。

（4）经济技术指标分析。主要包括预算（概算）执行情况分析和新增生产能力的效益分析，其中预算（概算）执行情况分析是依据实际投资完成的额度与预算（概算）进行对比分析，主要用于说明支付使用财产占总投资额度的比例、占支付使用财产的比例以及不增加固定资产的造价

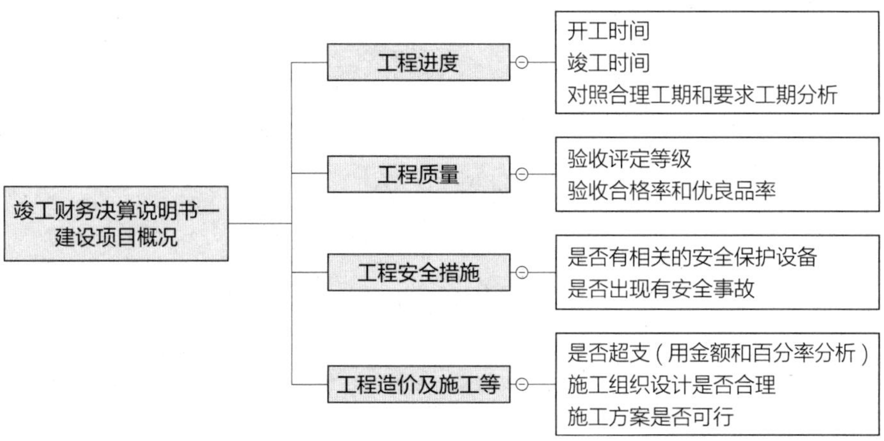

图3-8 竣工财务决算说明书——建设项目概况

占投资总额度的比例，新增生产能力的效益分析则主要分析建筑装饰工程的有机构成和最终的建设成果。

（5）其他待解决问题。主要包括在建筑装饰工程建设的经验及项目管理和财务管理工作以及竣工财务决算中有待解决的问题。

（6）补充说明。主要指需要说明的其他事项。

2. 竣工财务决算报表

建筑装饰工程的竣工财务决算报表要根据大、中型建设项目和小型建设项目分别制定。具体表格示例如下（表3-9～表3-14）。

表3-9　　建设项目竣工财务决算审批表（示例）

建设项目法人（建设单位）		建设性质	
建设项目名称		主管部门	
开户银行意见： （盖章） ××××年××月××日			
专员办审批意见： （盖章） ××××年××月××日			
主管部门或地方财政部门审批意见： （盖章） ××××年××月××日			

表3-10　　大、中型建设项目竣工工程概况表（示例）

建设项目（单项工程）名称			建设地址			
主要设计单位			主要施工企业			
占地面积	计划		总投资/万元	设计	固定资产	
					流动资产	
	实际			实际	固定资产	
					流动资产	
建设起、止时间	设计	从××××年××月开工至××××年××月竣工				
	实际	从××××年××月开工至××××年××月竣工				
设计概算批准文号						
新增生产能力	能力（效益）名称		设计			
			实际			
完成主要工程量	建筑面积/米^2		设计			
			实际			
	设备（台、套、吨）		设计			
			实际			

续表

<table>
<tr><td rowspan="8">基建支出</td><td colspan="2">项目</td><td colspan="2">概算</td><td>实际</td><td>主要指标</td></tr>
<tr><td colspan="2">建筑安装工程</td><td colspan="2"></td><td></td><td></td></tr>
<tr><td colspan="2">设备、工具、器具</td><td colspan="2"></td><td></td><td></td></tr>
<tr><td colspan="2">待摊投资，其中：建设单位管理费</td><td colspan="2"></td><td></td><td></td></tr>
<tr><td colspan="2">其他投资</td><td colspan="2"></td><td></td><td></td></tr>
<tr><td colspan="2">待核销基建支出</td><td colspan="2"></td><td></td><td></td></tr>
<tr><td colspan="2">非经营项目转出投资</td><td colspan="2"></td><td></td><td></td></tr>
<tr><td colspan="2">合计</td><td colspan="2"></td><td></td><td></td></tr>
<tr><td rowspan="4">主要材料消耗</td><td>名称</td><td>钢材</td><td colspan="3">木材</td><td>水泥</td></tr>
<tr><td>单位</td><td>吨</td><td colspan="3">米³</td><td>吨</td></tr>
<tr><td>概算</td><td></td><td colspan="3"></td><td></td></tr>
<tr><td>实际</td><td></td><td colspan="3"></td><td></td></tr>
<tr><td>主要技术经济指标</td><td colspan="6"></td></tr>
<tr><td rowspan="2">收尾工程</td><td colspan="3">工程内容</td><td colspan="2">投资额</td><td>完成时间</td></tr>
<tr><td colspan="3"></td><td colspan="2"></td><td></td></tr>
</table>

表3-11　　大、中型建设项目竣工财务决算表（示例）　　元

<table>
<tr><td colspan="2">资金来源</td><td>金额</td><td colspan="2">资金占用</td><td>金额</td><td>补充资料</td></tr>
<tr><td rowspan="7">一、基建拨款</td><td>1. 预算拨款</td><td></td><td rowspan="4">一、基本建设支出</td><td>1. 交付使用资产</td><td></td><td>1. 基建投资借款期末余额</td></tr>
<tr><td>2. 基建基金拨款</td><td></td><td>2. 在建工程</td><td></td><td rowspan="2">2. 应收生产单位投资借款期末余额</td></tr>
<tr><td>3. 进口设备转账拨款</td><td></td><td>3. 待核销基建支出</td><td></td></tr>
<tr><td>4. 器材转账拨款</td><td></td><td>4. 非经营项目转出投资</td><td></td><td>3. 基建结余资金</td></tr>
<tr><td>5. 煤代油专用基金拨款</td><td></td><td colspan="2">二、应收生产单位投资借款</td><td></td><td></td></tr>
<tr><td>6. 自筹资金拨款</td><td></td><td colspan="2">三、拨款所属投资借款</td><td></td><td></td></tr>
<tr><td>7. 其他拨款</td><td></td><td colspan="2">四、器材</td><td></td><td></td></tr>
<tr><td rowspan="3">二、项目资本金</td><td>1. 国家资本</td><td></td><td colspan="2">五、待处理器材损失</td><td></td><td></td></tr>
<tr><td>2. 法人资本</td><td></td><td colspan="2">六、货币资金</td><td></td><td></td></tr>
<tr><td>3. 个人资本</td><td></td><td colspan="2">七、预付及应收款</td><td></td><td></td></tr>
<tr><td colspan="2">三、项目资本公积金</td><td></td><td colspan="2">八、有价证券</td><td></td><td></td></tr>
<tr><td colspan="2">四、基建拨款</td><td></td><td colspan="2">九、固定资产</td><td></td><td></td></tr>
<tr><td colspan="2">五、上级拨入投资借款</td><td></td><td colspan="2">固定资产原值</td><td></td><td></td></tr>
<tr><td colspan="2">六、企业债券资金</td><td></td><td colspan="2">减：累计折旧</td><td></td><td></td></tr>
<tr><td colspan="2">七、待冲基建支出</td><td></td><td colspan="2">固定资产净值</td><td></td><td></td></tr>
<tr><td colspan="2">八、应付款</td><td></td><td colspan="2">固定资产清理</td><td></td><td></td></tr>
</table>

续表

九、未交款	1. 未交税金		待处理固定资产损失		
	2. 未交基建收入				
	3. 未交基建包干结余				
	4. 其他未交款				
十、上级拨入资金					
十一、留成收入					
合计			合计		

表3-12　　大、中型建设项目交付使用资产总表（示例）　　单位：元

单项工程项目名称	总计	固定资产					流动资产	无形资产	其他资产
		建筑工程	安装工程	设备	其他	合计			

支付单位：

（盖章）
××××年××月××日

接受单位：

（盖章）
××××年××月××日

表3-13　　建设项目交付使用资产明细表（示例）

单项工程项目名称	建筑工程			设备、工具、器具、家具					流动资产		无形资产		其他资产	
	结构	面积/米^2	价值/元	规格型号	单位	数量	价值/元	设备安装费/元	名称	价值/元	名称	价值/元	名称	价值/元
合计														

支付单位：

（盖章）
××××年××月××日

接受单位：

（盖章）
××××年××月××日

表3-14　　小型建设项目竣工财务决算表（示例）

建设项目名称				建设地址			
初步设计概算批准文号							
占地面积	计划		总投资 / 万元	计划	固定资产		
					流动资金		
	实际			实际	固定资产		
					流动资金		
新增资产生产能力	能力（效益）名称						
	设计						
	实际						
建设起止时间	计划		从 ×××× 年 ×× 月开工至 ×××× 年 ×× 月竣工				
	实际		从 ×××× 年 ×× 月开工至 ×××× 年 ×× 月竣工				
基建支出	项目					概算 / 元	实际 / 元
	建筑安装工程						
	设备、工具、器具						
	待摊投资（其中：建设单位管理费）						
	其他投资						
	待核销基建支出						
	非经营性项目转出投资						
	合计						
资金来源	项目						金额 / 元
	一、基建拨款（其中：预算拨款）						
	二、项目资本						
	三、项目资本公积金						
	四、基建借款						
	五、上级拨入借款						
	六、企业债券资金						
	七、待冲基建支出						
	八、应付款						
	九、未付款（其中：未交基建收入、未交包干收入）						
	十、上级拨入资金						
	十一、留成收入						
	合计						
资金运用	项目						金额 / 元
	一、交付使用资产						
	二、待核销基建支出						
	三、非经营性项目转出投资						
	四、应收生产单位投资借款						
	五、拨付所属投资借款						
	六、器材						
	七、货币资金						
	八、预付及应收款						
	九、有价证券						
	十、原有固定资产						
	合计						

R 补充要点

工程结算和工程竣工决算的区别

工程结算主要由施工单位编制，指对施工单位完成的全部工作价值的详细结算，以及依据合同条件应付给施工方的其他费用的合计。工程结算是施工单位获取工程款项的重要依据，施工单位一般应在工程竣工验收合格后，且必须在规定的工作日内，向建设单位递交竣工结算报告以及完整的结算资料。建筑装饰工程结算资料一般包括建筑工程费、安装工程费以及合同规定必须给予施工方的其他费用。

工程竣工决算则主要由建设单位编制，它是在建筑装饰工程竣工以及施工单位提交竣工结算报告及结算资料后，建设单位报告全部建设费用、建设成果和财务情况的一种总结性文件。建筑装饰工程竣工决算包括从筹划到竣工投产全过程的全部实际费用，即建筑工程费、安装工程费、设备工器具购置费、工程建设其他费用（含征地费、补偿费、各种许可证费、建设单位管理费、监理费、勘察设计费、调试费等）、预备费以及建设期贷款利息等。

第四节 建筑装饰工程竣工决算编制

建筑装饰工程竣工决算不仅能够体现整个建设工程的最终价格，同时也可作为建设单位财务部门汇总固定资产的主要依据。

一、竣工决算的编制依据

（1）已经批准的针对竣工决算的可行性研究报告及其投资估算。

（2）已经批准的初步建筑设计或扩大初步建筑设计及其概算或修正概算。

（3）已经批准的施工图设计及其施工图预算。

（4）相关设计交底或设计图纸会审纪要。

（5）招、投标的招标控制价和中标价、承包合同以及相关的工程结算资料。

（6）施工记录或施工签证单，以及在其他施工过程中发生的费用记录，如索赔报告与记录、停（交）工报告表等。

（7）建筑装饰工程竣工图以及各种项目工程的竣工验收资料。

（8）历年的基建资料、财务决算以及批复文件。

（9）施工中运用到的设备、材料调价文件和调价记录。

（10）财务核算制度、财务核算方式以及其他关于竣工决算的资料、文件等。

二、竣工决算的编制步骤

1. 资料整理与分析

在编制建筑装饰工程竣工决算之前，必定需要提前收集好相关的资料，这也是编制竣工决算的必要条件。此外，在建筑装饰工程施工的过程中，要注意随时记录施工进度，保存和收集资料，在竣工验收阶段也要系统地整理出所有相关的技术资料、工程决算经济文件、施工图纸和各种变更与签证资料等，并注意分析其准确性。

2. 债务和物资整理

分析整理建筑装饰工程竣工决算的相关资料时需注意建设工程从筹建到竣工投产（或使用）的全

部费用的各项账务、债权和债务的清理，不仅要仔细核对账目，还需查点库存实物的数量，查看其是否有漏项或重复列项，务必要做到账物相等、相符。

此外，对结余的各种材料、工器具和设备等要逐项清点核实，并注意妥善管理，所有清点完毕后的材料和器具要按照规定及时处理、收回资金，对各种往来款项也要进行全面清理，为编制竣工决算提供准确的数据依据。

3. 竣工决算报表填写

竣工决算报表的填写内容要符合国家现行的相关规定，并应按照编制依据中的有关资料进行统计或计算各个项目的数量，并将最终的计算结果填入相对应的表格栏目中，直至完成所有报表的填写。

4. 建筑装饰工程竣工决算说明书编写

建筑装饰工程竣工决算说明书的编写要符合建设项目竣工决算说明的内容和要求，并根据编制依据材料和填写在报表中的结果编写说明。

5. 审查与审核

所编写的表格和说明书经核对确认无误后即可装订成册，已经审核且装订成册的决算资料可作为建设项目竣工文件，并报主管部门审查，同时还应当将其中财务成本部分送交开户银行签证。

建筑装饰工程竣工决算在上报主管部门的同时，需另外抄送一份给设计单位；大、中型建设项目的竣工决算还需抄送财政部、建设银行总行和省、市、自治区财政局及建设银行分行各一份（图3-9、表3-15、表3-16）。

装饰工程（ 决 ）算书

建设单位名称：[illegible]　　施工单位名称：[illegible]

单位工程名称：[illegible]　　（决）算项 目：[illegible]

（ 决 ）算总价（大写） 伍拾捌万柒仟叁佰玖拾圆整　　￥ 587390

建设单位（章）　　施工单位（章）

负责人：　　负责人：

编审人：　　编审人：

年 月 日　　2011 年 12 月 24 日

图3-9 建筑装饰工程竣工决算书

表3-15 建筑装饰工程竣工决算审计汇总表（示例）

序号	审计事项	送审金额 / 元	审定金额 / 元	核减金额 / 元	核减率 /%	备注
一						
1						

续表

序号	审计事项	送审金额/元	审定金额/元	核减金额/元	核减率/%	备注
2						
3						
…						
二						
1						
2						
…						
	合计					

表3-16　　建筑装饰工程竣工决算单（示例）

<table>
<tr><td>发包单位</td><td colspan="2"></td><td>工程地址</td><td colspan="2"></td></tr>
<tr><td>竣工日期</td><td colspan="2"></td><td>决算时间</td><td colspan="2"></td></tr>
<tr><td colspan="6">一、合同造价：
¥：________ 人民币（大写）：________</td></tr>
<tr><td colspan="6">二、中期决算造价：
¥：________ 人民币（大写）：________</td></tr>
<tr><td colspan="6">三、竣工决算内容
1. 中期预决算后，共发生变更　　项
其中变更增加____项，合计人民币（大写）：________
其中变更减少____项，合计人民币（大写）：________
实际发生比中期预算增加人民币（大写）：________
实际发生比中期预算减少人民币（大写）：________
2. （详细决算内容见工程决算明细表）</td></tr>
<tr><td colspan="6">四、工程决算总造价：
¥：________ 人民币（大写）：________</td></tr>
<tr><td colspan="6">五、决算款（工程决算总造价减去已付款项）：
¥：________ 人民币（大写）：________</td></tr>
<tr><td>发包单位签字</td><td></td><td>项目经理</td><td></td><td>客户经理</td><td></td></tr>
</table>

三、竣工决算编制的相关说明和表格

1. 工程竣工决算编制说明

建筑装饰工程竣工决算编制说明的具体内容可参考图3-10。

2. 工程竣工决算表

建筑装饰工程竣工决算表的具体内容可参考图3-11。

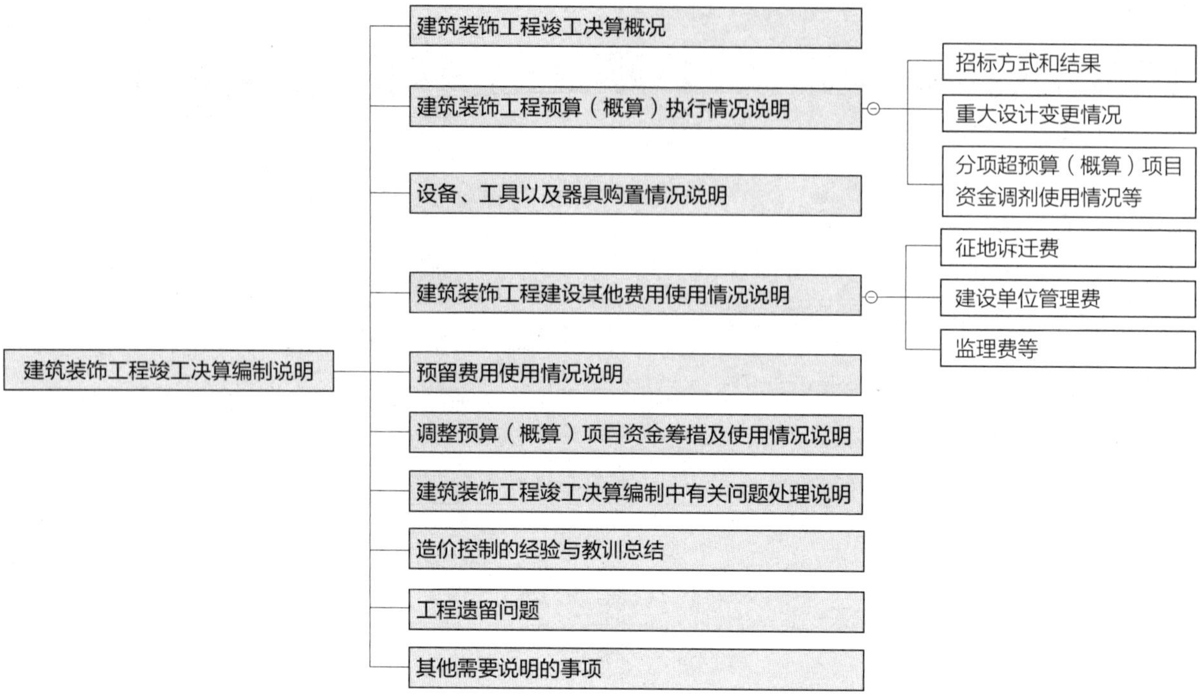

图3-10　建筑装饰工程竣工决算编制说明的具体内容

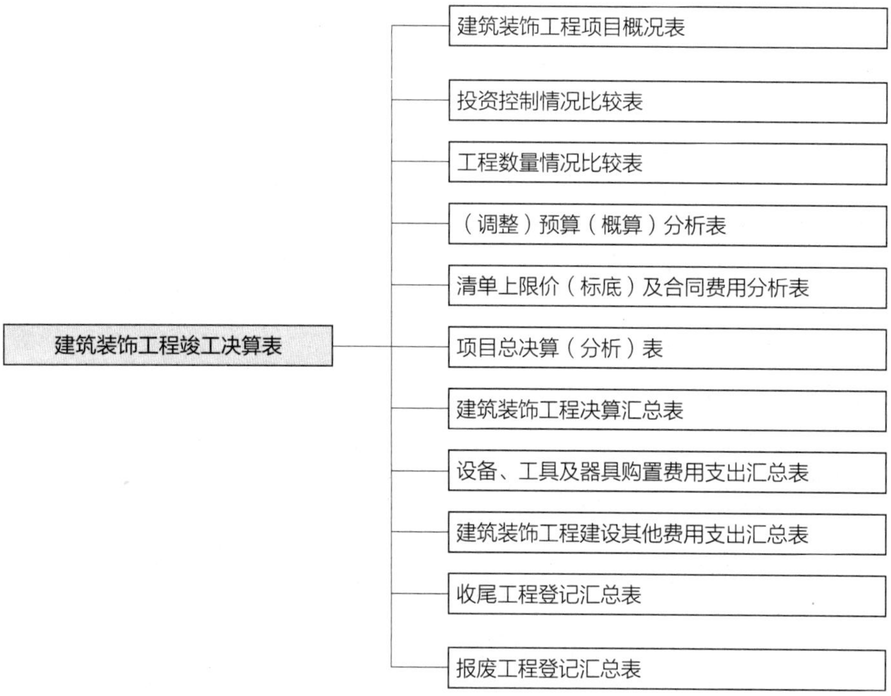

图3-11　建筑装饰工程竣工决算表的具体内容

3. 工程竣工决算数据软盘

建筑装饰工程决算数据软盘主要包括工程决算文件和基础数据表，其中基础数据表的具体内容可参考图3-12。

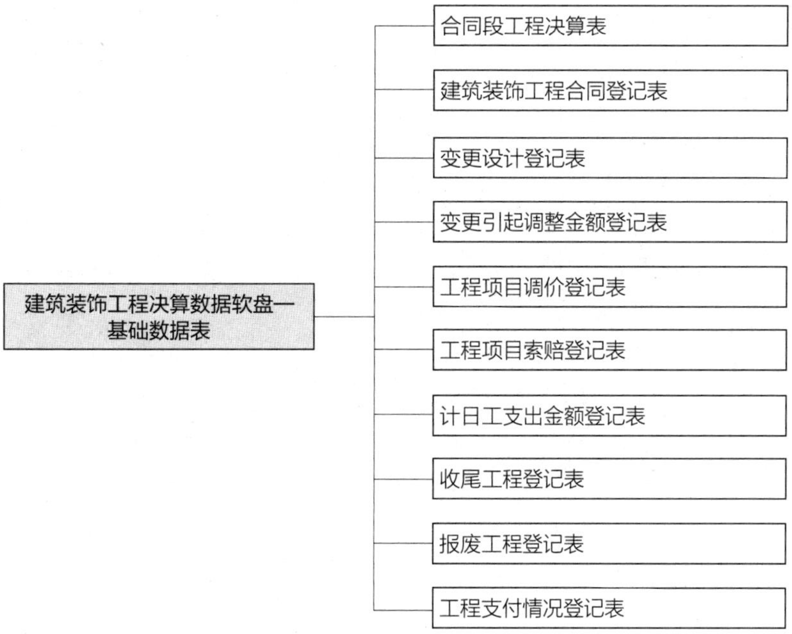

图3-12　建筑装饰工程决算数据软盘——基础数据表

第五节　实例分析：办公建筑装饰工程决算（扫码下载案例）

案例二维码

本章小结

建筑装饰工程结算和竣工决算都能有效反映项目工程的经济效益，编制合理的工程结算和竣工决算不仅能保证建筑装饰工程的施工质量，同时也能维持施工单位的长久发展。

课后练习

1. 建筑装饰工程结算包括哪些内容？
2. 建筑装饰工程结算编制的依据是什么？
3. 建筑装饰工程结算编制的原则有哪些？
4. 建筑装饰工程结算如何编制？
5. 建筑装饰工程结算编制文件包括哪些？
6. 建筑装饰工程结算如何审查？
7. 建筑装饰工程竣工决算的作用是什么？
8. 建筑装饰工程竣工决算包括哪些内容？
9. 建筑装饰工程竣工决算的编制依据有哪些？
10. 建筑装饰工程竣工决算的编制步骤主要有哪几步？

第四章

建筑装饰工程成本核算

案例图纸　　PPT 课件

» 学习难度：★★★★☆

» 重点概念：间接费、利润、税金、工程项目费用、成本核算

» 章节导读：本章主要讲解在建筑装饰工程中会出现的间接费用、利润以及税金，这些都对建筑装饰工程的成本核算有很大的影响。此外，不同的工程项目费用对最终呈现的成本核算也会有比较大的影响，在编制成本核算时需考虑到这几点。

第一节 工程间接费、利润与税金

建筑装饰工程间接费主要指施工单位或施工企业为组织和管理建筑装饰工程所必要的各项经营管理费用，一般以费率的形式出现，而利润与税金则是在执行建筑装饰工程施工过程中必定存在的两项费用，其中利润的计取应当合理化。

一、工程间接费的特点

1. 必须性

建筑装饰工程间接费是施工过程中必定会发生的一种费用，但它并不是以单价的形式存在，而是多以费率的形式进行费用分摊的一种取费方式。

2. 重要性

建筑装饰工程间接费是确定建筑装饰工程造价的重要参考对象，且其取费标准必须套用建筑装饰预算（概算）定额。

3. 多变性

建筑装饰工程间接费的表现形式具有一定的竞争性，同时其计费标准也具备可变性，间接费的费率多依据工程性质而自行确定。

二、工程间接费的内容

建筑装饰工程间接费的内容多依据建筑装饰工程施工中所需包含的非生产性支出内容的多少而定，一般包括企业管理费、财务费和其他费用。

1. 企业管理费

这里所说的企业管理费主要指建筑装饰企业或建设单位因组织建筑装饰工程施工而产生的各项经营性管理费用。

（1）基本薪资。主要指建筑装饰企业管理人员的基本工资、工资性补贴以及职工福利费用。

（2）差旅交通费。主要指建筑装饰企业管理人员由于工程需要而产生的出差、工作调动费，以及住勤补助费、市内交通补贴费、误餐补贴费、职工探亲路费、劳动力招募费、离职或退休员工一次性路费、交通工具牌照费、交通工具消耗油料费、交通工具消耗燃料费、交通工具养路费。

（3）办公费。主要指建筑装饰企业管理人员办公所产生的费用。

（4）固定资产折旧、修理费。主要指建筑装饰企业中固定资产折旧或维护、维修的费用。

（5）工具、用具使用费。主要指建筑装饰企业管理和使用非固定资产的工具、用具、家具以及交通工具等产生的费用。

（6）工会经费。工会经费多按照职工薪资总额的2%计提。

（7）其他费用。包括劳动保险费、职工教育经费、职工养老保险费、待业保险费、财产保险费以及车辆保险费等。

2. 财务费

这里所说的财务费主要指建筑装饰企业或建设单位因筹集资金而产生的各项连带费用，主要包括短期经营贷款利息净支出、汇兑净损失、调剂外汇手续费、金融机构手续费以及因筹集资金而产生的其他财务费用。

三、工程间接费费率测算的步骤

1. 资料收集

（1）收集国家现行的关于建筑装饰工程间接费管理制度与相关规定，例如间接费用项目内容以及如何划分的相关规定，建筑装饰企业行政管理费开支标准等。

（2）收集国家现行的关于间接费项目内容及划分和计算基础等的指导性规定。

（3）收集不同类型的建筑装饰施工企业或单位历年来的间接费费率执行情况资料。

2. 资料分析

对收集到的资料进行分析，主要目的是为了确定间接费用的主要基础数据，一般基础数据包括以下几项：

（1）全员劳动生产率。取值应合理，其计算方式如下所示：

全员劳动生产率＝企业全年自行完成的工作量÷企业年平均在册人数

（2）企业规模以及非现场生产人员比例。非现场生产人员比例一般占据全员比例的20%。

（3）有效施工天数。建筑装饰工程的有效施工天数一般是用365天减去法定节假日、双休日以及非生产用工日。

（4）间接费年开支额的确定。主要确定建筑装饰企业或单位全员人均年开支额。

（5）确定不作为计取间接费基础的相关费用标准，如临时设施费，这类费用应单独确定费率。

3. 综合确定间接费费率

可以定额人工费为基数计算间接费的费率，具体的计算方式如下所示。

间接费费率（%）＝{生产工人年均间接费开支额÷（有效施工天数×平均日工资）}×100%

四、利润

这里所说的利润是指建筑装饰企业或单位将装饰工程产生的收入减去成本和税金之后所剩下的金额。利润可以用来扩大建筑装饰企业或单位的规模，同时也能用于衡量建筑装饰企业或单位的经营成果。下面介绍与利润相关的计算方式。

成本利润率＝（利润额÷成本额）×100%

工资利润率＝（利润额÷成本中生产工人工资总额）×100%

利润总额＝营业利润＋投资净收益＋营业外收入－营业外支出

其中，营业利润指营业收入减去营业成本、营业期间产生的费用以及各种流转税和附加税之后的余额；投资净收益指建筑装饰企业或单位对外投资收入减去投资损失后的余额；营业外收入和营业外支出则指与建筑装饰企业或单位生产经营没有直接关系的各项收入和支出。

五、税金

这里所说的税金是指依法向纳税人征收税款的金额。税金具有一定的强制性、固定性和无偿性。建筑装饰工程中的税金主要包括营业税、城市维护建设税以及附加税等（表4-1）。

表4-1　建筑装饰工程税金计算基数及税率参考表（示例）

企业性质	国有建筑装饰施工企业		集体建筑装饰施工企业	
装饰类别	一般装饰工程	高级装饰工程	一般装饰工程	高级装饰工程
计税基数	直接工程费		直接工程费	
企业等级	一级			
	二级			
	三级			

★ 小贴士

保证施工进度措施

保证施工进度关键在于组织措施得力（在项目班子中设置施工进度控制专职人员，负责调度、控制施工），技术措施可行（利用先进施工工艺、施工技术以加快施工进度），合同措施限定（保证合同期与计划协调一致），经济措施落实（对参与施工的各协作单位，提出进度要求，制定奖罚制度）等四个方面。

第二节 施工进度计划

经批准的进度计划，应向执行者进行交底并落实责任，进度计划执行者应制订实施计划方案。在实施进度计划的过程中应进行下列工作，跟踪检查，收集实际进度数据；将实际数据与进度计划进行对比；分析计划执行的情况；对产生的进度变化，采取相应措施并进行纠正或调整计划；检查措施的落实情况；进度计划的变更必须与有关单位和部门及时沟通。

一、施工进度计划的实施

1. 施工进度计划的贯彻

施工进度计划的贯彻应该做到以下三点：

（1）检查各层次的计划，形成严密的计划保证系统。建筑装饰工程项目的所有施工进度计划，包括施工总进度计划、单位工程施工进度计划、分部（分项）工程施工进度计划，都是围绕一个总任务而编制的。它们之间的关系是高层次计划为低层次计划提供依据，低层次计划是高层次计划的具体化。在其贯彻执行时，应当首先检查是否协调一致，计划目标是否层层分解、互相衔接，组成一个计划实施的保证体系，以施工任务书的方式下达到施工队，保证施工进度计划的实施。

（2）层层明确责任并利用施工任务书。项目经理、作业队和作业班组之间分别签订责任状，按计划目标明确规定工期、承担的经济责任、权限和利益，用施工任务书将作业任务下达到施工班组，明确具体施工任务、技术措施、质量要求等内容，使施工班组必须保证作业计划时间内完成规定的任务。

（3）进行计划的交底，促进进度计划的全面、彻底实施。施工进度计划的实施是全体工作人员的共同行动，要使有关人员都明确各项计划的目标、任务、实施方案和措施，使管理者和作业层协调一致，将计划变成全体员工的自觉行动，在计划实施前可以根据计划的范围进行计划交底工作，以使计划得到全面、彻底的实施。

2. 施工进度计划的实施

（1）编制月（旬）作业计划。为了实施施工进度计划，将规定的任务结合现场施工条件。如施工场地的情况，劳动力机械等资源条件和施工的实际进度，在施工开始前和过程中不断地编制本月（旬）作业计划，这是使施工计划更具体、更实际和更可行的重要环节。在月（旬）计划中要明确；本月（旬）应完成的任务，所需要的各种资源量、提高劳动生产率和节约措施等。

（2）签发施工任务书。编制好月（旬）作业计划后，将每项具体任务通过签发施工任务书的方式下达班组进一步落实、实施，施工任务书应由施工员按班组编制并下达，在实施过程中要做好记录，任务完成后回收，作为原始记录和业务核算资料。

施工任务书包括施工任务单、限额领料单和考勤表。施工任务单包括分项工程施工任务、工程量、劳动量、开工日期、完工日期、工艺质量和安全要求。限额领料单是根据施工任务单编制的控制班组领用材料的依据，应具体列明材料名称、规格、型号、单位和数量、领用记录、退料记录等（图4-1）。

图4-1　施工进度开工

（3）做好施工进度记录，填好施工进度统计表　在计划任务完成的过程中，各级施工进度计划的执行者都要跟踪做好施工记录，及时记载计划中的每项工作开始日期，每日完成数量和完成日期，记录施工现场发生的各种情况、干扰因素的排除情况；跟踪做好形象进度、工程量、总产值和耗用的人工、材料、机械台班等的数量统计与分析，为施工项目进度检查和控制分析提供反馈信息。因此，要求实事求是记载，并据此填好上报统计报表。

（4）做好施工中的调度工作。施工中的调度是组织施工中各阶段、环节、专业和工种的互相配合、进度协调的指挥核心。调度工作是使施工进度计划实施顺利进行的重要环节，其主要任务是掌握计划实施情况，协调各方面关系，采取措施，排除各种矛盾，加强各薄弱环节，实现动态平衡，保证完成作业计划和实现进度目标（图4-2）。

二、施工进度计划的检查

在建筑装饰工程项目的实施过程中，为了进行进度控制，进度控制人员应定期跟踪检查施工实际进度情况，收集工程项目进度材料，进行统计整理和对比分析，确定实际进度与计划进度之间的关系，其主要工作包括施工进度计划的跟踪、施工进度计划的整理统计、对比实际进度与计划进度。

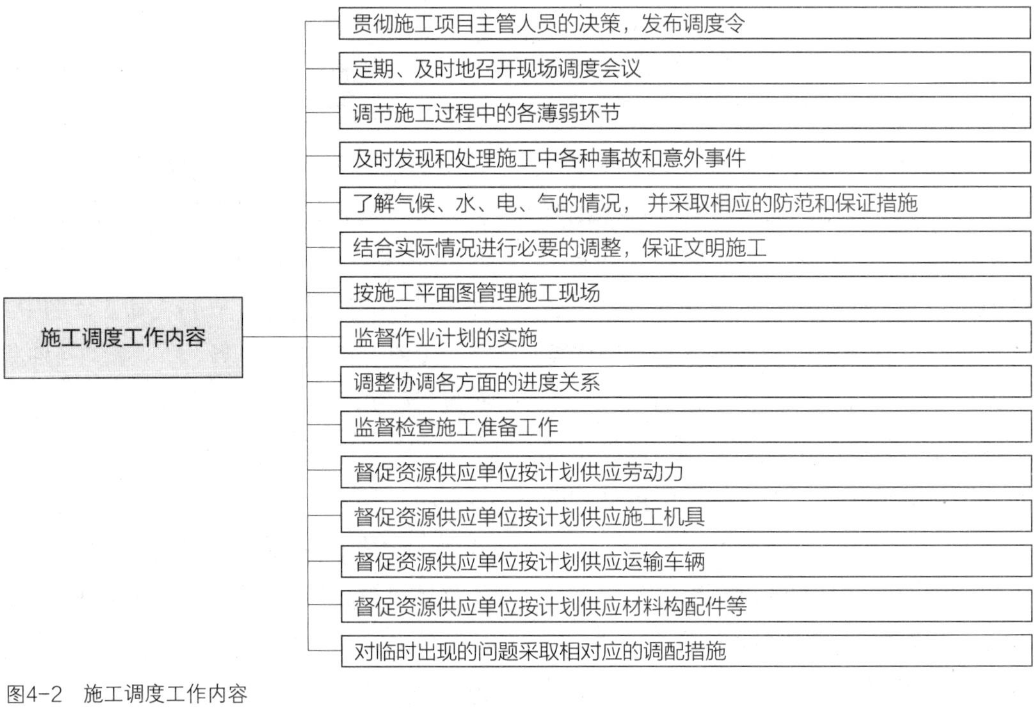

图4-2　施工调度工作内容

1. 施工进度计划的跟踪

跟踪检查工程实际进度是项目进度控制的关键措施，其目的是收集实际施工进度的有关数据，跟踪检查的时间和收集数据的质量，直接影响控制工作的质量和效果。一般检查的时间间隔与工程项目的类型、规模、施工条件和对进度执行要求程度有关。通常可以确定每月、半月、旬或周进行一次。

若在施工中遇到天气、资源供应等不利因素的严重影响，检查的时间间隔可临时缩短，次数应频繁，甚至可以每日进行检查，或派人员驻现场督阵。检查和收集资料的方式一般采用进度报表方式或定期开进度工作汇报会。根据不同需要，检查的内容包括检查期内实际完成和累计完成工程量；实际参加施工的劳动力、机械数量和生产效率；窝工人数、窝工机械台班数及其原因分析；进度管理情况；进度偏差情况；影响进度的特殊原因及分析。

2. 施工进度计划的整理统计

收集到的工程项目实际进度数据，要进行必要的整理，按计划控制的工作项目进行统计，形成与计划进度具有可比性的数据，相同的量纲和形象进度。一般可以按实物工程量、工作量和劳动消耗量以及累计百分比整理和统计实际检查的数据，以便与相应的计划完成量相对比。

3. 对比实际进度与计划进度

将收集的资料整理和统计成具有与计划进度可比性的数据后，用工程项目实际进度与计划进度进行比较。常用的比较方法有横道图比较法、“S”形曲线比较法、“香蕉”形曲线比较法、前锋线比较法和列表比较法等。通过比较得出实际进度与计划进度一致，超前、拖后三种情况。

（1）横道图比较法。横道图比较法是把在项目施工中检查实际进度收集的信息，经整理后直接用横道线并列标于原计划的横道线一起，进行直观比较的方法。

完成任务量可以用实物工程量、劳动消耗量和工作量三种物理量表示。为了比较方便，一般用它们实际完成量的累计百分比与计划的应完成量的累计百分比进行比较（图4-3）。

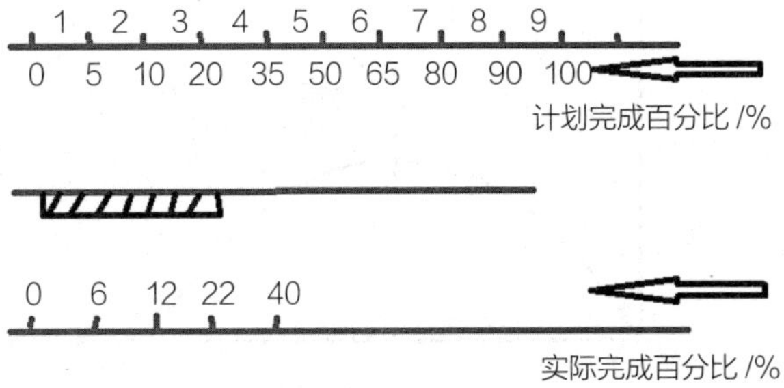

图4-3 横道图比较法

应该指出，由于工作的施工进度是变化的，因此横道图中进度横线，不管计划的还是实际的，都是表示工作的开始时间、持续天数和完成时间，并不表示计划完成量和实际完成量，这两个量分别通过标注在横道线上方及下方的累计百分比表示。实际进度的涂黑粗线是从实际工程的开始日期画起，若工作实际施工间断，也可在图中将涂黑粗线作相应的空白。

（2）“S”形曲线比较法。“S”形曲线比较法是以横坐标表示进度时间、纵坐标表示累计完成任务量，绘制出一条按计划时间累计完成任务量的曲线，将施工项目的各检查时间实际完成的任务量与“S”形曲线进行实际进度与计划进度相比较的一种方法。

从整个工程项目的施工全过程而言，一般是开始和结尾阶段，单位时间投入的资源量较少，中间阶段单位时间投入的资源量较多，与其相关的单位时间完成的任务量也是呈同样变化[图4-4（a）]；而随着时间的进展，累计完成的任务量，则应该呈“S”形曲线变化[图4-4（b）]。

“S”形曲线比较法同横道图一样，是在图上直观地进行施工项目实际进度与计划进度相比较。一般情况，计划进度控制人员在计划实施前绘制“S”形曲线。在项目施工过程中，按规定时间将检查的实际完成情况绘制在与计划“S”形曲线同

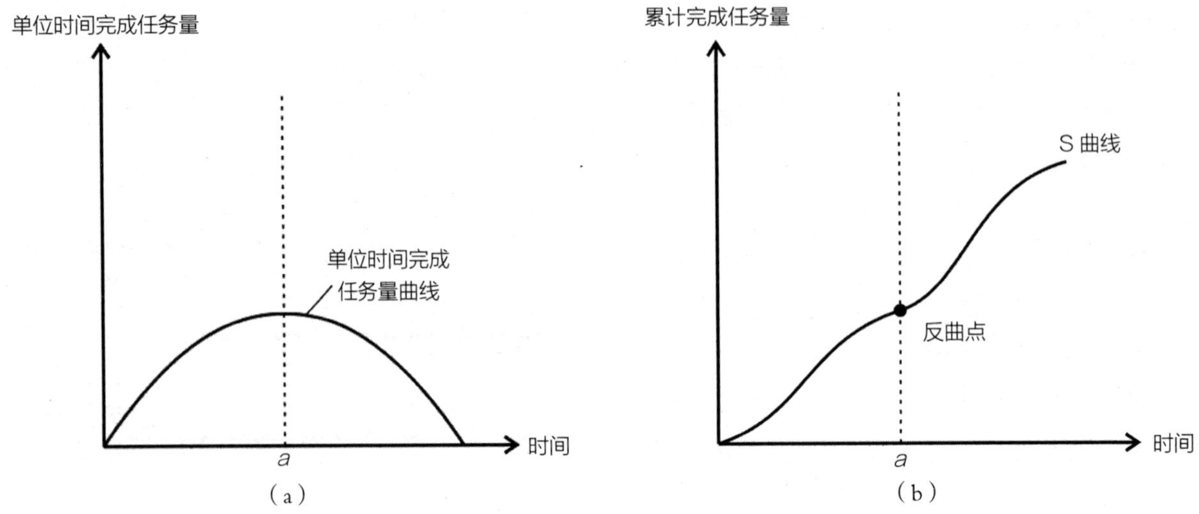

图4-4 S形曲线比较法

一张图上，可得出实际进度“S”形曲线。比较两条“S”形曲线可以得到以下信息：

①项目实际进度与计划进度比较。当实际工程进展点落在“S”形曲线左侧，则表示此时实际进度比计划进度超前；若落在其右侧，则表示拖后；若刚好落在其上，则表示二者一致。

②项目实际进度比计划进度超前或拖后的时间。见图4-5，ΔT_a表示T_a时刻实际进度超前的时间；ΔT_b表示ΔT_b时刻实际进度拖后的时间。

③项目实际进度比计划进度超前或拖后的任务量。见图4-5，ΔQ_a表示T_a时刻超前完成的任务量；ΔQ_b表示在Y_b时刻拖后的任务量。

④预测工程进度。见图4-5，后期工程按原计划速度进行，则工期拖延预测值为ΔT_c。

（3）“香蕉”形曲线比较法。“香蕉”形曲线的作图方法与“S”形曲线的作图方法基本一致，不同之处不在于它是分别以工作的最早开始和最迟开始时间绘制的两条“S”形曲线组合成的闭合曲线（图4-6）。

在项目的实施中，进度控制的理想状况是任一

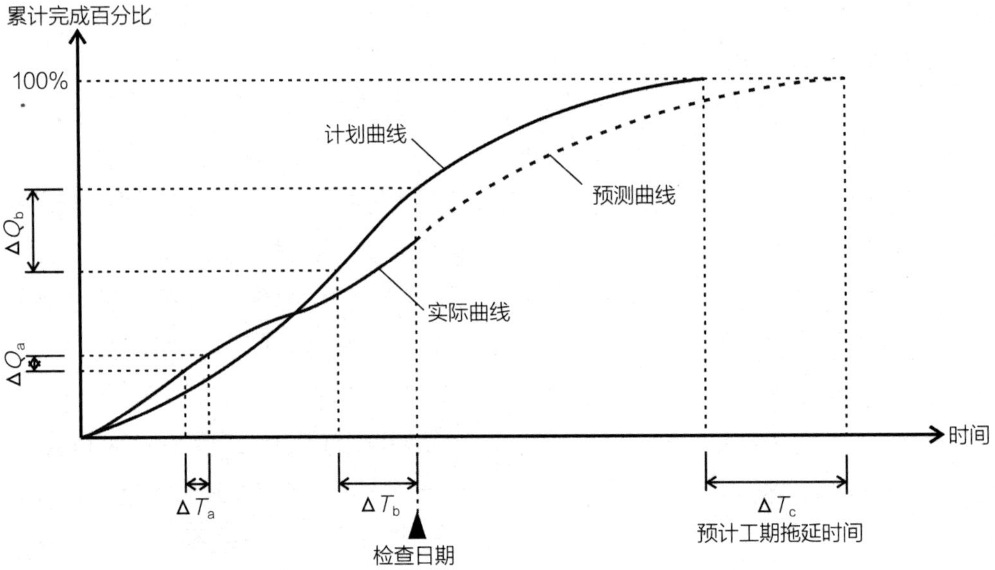

图4-5 工程进度“S”形曲线比较法

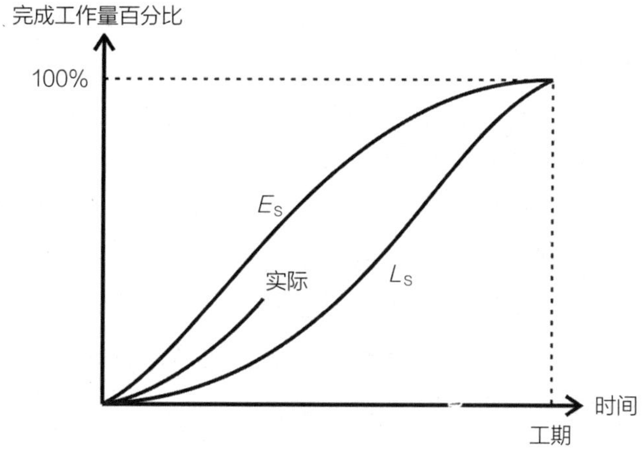

图4-6 “香蕉”形曲线比较法

图4-7 施工进度检查

时刻按实际进度描绘的点，应落在该“香蕉”形曲线的区域内。“香蕉”形曲线比较法的作用为利用“香蕉”形曲线进行进度的合理安排；进行施工实际进度与计划进度比较；确定在检查状态下，后期工程的E_S曲线和L_S线的发展趋势。

（4）前锋线比较法。前锋线比较法是通过绘制某检查时刻工程项目实际进度前锋线，进行工程实际进度与计划进度比较的方法，它主要适用于时标网络计划。所谓前锋线，是指在原时标网络计划上，从检查时刻的时标点出发，用点划线依次将各项工作实际进展位置点连接而成的折线。前锋线比较法就是通过实际进度前锋线与原进度计划中各工作箭线交点的位置来判断工作实际进度与计划进度的偏差，进而判定该偏差对后续工作及总工期影响程度的一种方法。

4. 施工进度计划检查结果的处理

按照检查报告制度的规定，将工程项目进度检查的结果，形成进度控制报告向有关主管人员和部门汇。进度控制报告是根据报告的对象不同，确定不同的编制范围和内容面分别编写的。一般分为项目概要级进度控制报告、项目管理级进度控制报告和业务管理级进度控制报告。

项目概要组的进度报告是报给项目经理、企业经理、业务部门以及建设单位或业主的，它是以整个工程项目为对象说明进度计划执行情况的报告；项目管理级的进度报告是报给项目经理及企业业务部门的，它是以单位工程或项目分区为对象说明进度计划执行情况的报告；业务管理级的进度报告是就某个重点部位或重点问题为对象编写的报告，供项目管理者及各业务部门为其采取应急措施而使用的。

进度报告由计划负责人或进度管理人员与其他项目管理人员协作编写。报告时间一般与进度检查时间相协调，也可按月、旬、周等间隔时间进行编写上报（图4-7）。

三、施工进度偏差的原因分析

由于工程项目的工期较长，影响进度因素较多，编制、执行和控制工程进度计划时必须充分认识和估计这些因素，使工程进度尽可能按计划进行，当出现偏差时，应分析产生的原因。其主要影响因素有以下四条。

1. 工期及相关计划的失误

（1）计划时遗漏了部分必需的功能或工作。

（2）计划值（例如计划工作量、持续时间）不足，相关的实际工作量增加。

（3）资源或能力不足，例如计划时没考虑到资源的限制或缺陷，没有考虑如何完成工作。

（4）出现了计划中未能考虑到的风险或状况，未能使工程实施达到预定的效率。

（5）在现代工程中，上级（业主、投资者、企业主管）常常在一开始就提出很紧迫的工期要求，使承包商或其他设计人、供应商的工期太紧，而且许多业主为了缩短工期，常常压缩承包商的做标期和前期准备的时间。

2. 工程条件的变化

（1）工作量的变化。可能是由于设计的修改、设计的错误、业主的新要求、项目目标的修改及系统范围的扩展造成的。

（2）外界（如政府、上层系统）对项目的新要求或限制。设计标准的提高可能造成项目资源的缺乏，使工程无法及时完成。

（3）环境条件的变化。工程地质条件和水文地质条件与勘察设计不符，如地质断层、地下障碍物、软弱地基、溶洞，以及恶劣的气候条件等，都对工程进度产生影响，造成临时停工或破坏。

（4）发生不可抗力事件。在施工过程中出现意外事件，如战争、内拒付债务、工人罢工等政治事件，地震、洪水等严重的自然灾害，重大工程事故、试验失败、标准变化等技术事件，通货膨胀、分包单位违约等经济事件，都会影响工程进度计划。

3. 管理过程中的失误

（1）计划部门与实施者之间，总分包商之间，业主与承包商之间缺少沟通。

（2）工程实施者缺乏工期意识，例如管理者拖延了图纸的供应和批准，任务下达时缺少必要的工期说明和责任落实，拖延了工程活动。

（3）项目参加单位对各个活动没有清楚地了解，下达任务时也没有做详细的解释，同时对活动必要的前提条件准备不足，各单位之间缺少协调和信息沟通，许多工作脱节、资源供应出现问题。

（4）由于其他方面未完成项目计划规定的任务造成拖延，例如设计单位拖延设计、运输不及时、上级机关拖延批准手续、质量检查拖延、业主不果断处理问题等。

（5）承包商没有集中力量施工、材料供应拖延、资金缺乏、工期控制不紧，这可能是由于承包商同期工程太多，力量不足造成的。

（6）业主没有集中资金的供应，拖欠工程款，或业主的材料、设备供应不及时。

4. 其他原因

由于采取其他调整措施造成工期的拖延，如设计的变更、质量问题的返工、实施方案的修改等。

四、分析进度偏差的影响

通过进度比较方法，分析偏差对后续工作和对总工期的影响。进度控制人员由此可以确认应该调整产生进度偏差的工作和调整偏差值的大小，以便确定采取调整措施，获得符合实际进度情况和计划目标的新进度计划。

1. 分析出现偏差的工作是否为关键工作

若出现偏差的工作为关键工作，则无论偏差大小，都对后续工作及总工期产生影响，必须采取相应的调整措施；若出现偏差的工作不是关键工作，需要根据偏差值与总时差和自由时差的大小关系，确定对后续工作和总工期的影响程度。

2. 分析进度偏差是否大于总时差

若工作的进度偏差大于该工作的总时差，说明此偏差必将影响后续工作和总工期，必须采取相应的调整措施；若工作的进度偏差小于或等于该工作的总时差，说明此偏差对总工期无影响，但它对后续工作的影响程度，需要根据比较偏差与自由时差的情况来确定。

3. 分析进度偏差是否大于自由时差

若工作的进度偏差大于该工作的自由时差，说明此偏差对后续工作产生影响，应该如果调整，应根据后续工作允许影响的程度而定；若工作的进度偏差小于或等于该工作的自由时差，则说明此偏差对后续工作无影响，因此，原进度计划可以不做调整。

五、施工进度计划的调整方法

1. 增加资源投入

通过增加资源投入，缩短某些工作的持续时间，使工程进度加快，并保证实现计划工期。

2. 改变某些工作间的逻辑关系

在工作之间的逻辑关系允许改变的条件下，可改变逻辑关系，达到缩短工期的目的。

3. 资源供应的调整

如果资源供应发生异常，应采用资源优化方法对计划进行调整，或采取应急措施，使其对工期影响最小。

4. 增减工作范围

包括增减工作量或增减一些工作包（或分项工程）。增减工作内容应做到不打乱原计划的逻辑关系，只对局部逻辑关系进行调整。

5. 提高劳动生产率

改善施工工具器具以提高劳动效率，通过辅助措施和合理的工作过程提高劳动生产率。

6. 转移部分任务

如分包、委托给另外的单位，将原计划由自己生产的结构构件改为外购等。当然这不仅有风险，会产生新的费用，而且需要增加控制和协调工作。

7. 合并部分工作包

特别是在关键线路上应按先后顺序实施的工作包合并，与实施者一道研究，通过局部地调整实施过程和人力、物力的分配，达到缩短工期的目的。

六、施工进度的控制措施

施工进度控制采取的主要措施有组织措施、技术措施、管理措施和经济措施等。

1. 组织措施

（1）落实各层次的进度控制人员、具体任务和工作责任。

（2）充分重视健全项目管理的组织体系，建立进度控制的组织系统。

（3）对工程项目的结构、进渡阶段或合同结构等进行项目分解，确定其进度目标、建立控制目标体系。

（4）应编制施工进度控制的工作流程。

（5）确定进度控制工作制度，如检查时间、方法、协调会议时间、参加人员等。

（6）对影响进度的因素进行分析和预测。

2. 技术措施

技术措施主要是采取加快工程进度的技术方法，主要包括以下几个方面：

（1）对实现施工进度目标有利的设计技术和施工技术的选用。

（2）不同的设计理念、设计技术路线、设计方案对工程进度会产生不同的影响，在工程进度受阻时，应分析是否存在设计技术的影响因素，为实现进度目标有无设计变更的必要和是否可能变更。

（3）施工方案对工程进度有直接的影响，在决策其选用时，不仅应分析技术的先进性和经济合理性，还应考虑其对进度的影响。在工程进度受阻时，应分析是否存在施工技术的影响因素，为实现进度目标有无改变施工技术、施工方法和施工机械的可能性。

3. 管理措施

施工进度控制的管理措施涉及管理的思想、管理的方法、管理的手段、承发包模式、合同管理和风险管理等。在理顺组织的前提下，科学和严谨的管理十分重要。

（1）施工进度控制在管理观念方面存在的主要问题是缺乏进度计划系统的观念，往往分别编制各种独立而互不关联的计划，这样就形成不了计划系统；缺乏动态控制的观念，只重视计划的编制，而不重视及时地进行计划的动态调整；缺乏进度计划多方案比较和选优的观念，合理的进度计划应体现资源的合理使用、工作面的合理安排，有利于提高建设质量、文明施工和合理地缩短建设周期。

（2）用工程网络计划的方法编制进度计划必须很严谨地分析和考虑工作之间的逻辑关系，通过工程网络的计算可发现关键工作和关键路线，也可知道非关键工作可使用的时差，工程网络计划的方法有利于实现进度控制的科学化。

（3）发承包模式的选择直接关系到工程实施的组织和协调。为了实现进度目标，应选择合理的合同结构，以避免过多的合同交界面而影响工程的进展。工程物资的采购模式对进度也有直接的影响，对此应做比较分析。

（4）为实现进度目标，不但应进行进度控制，还应注意分析影响工程进度的风险，并在分析的基础上采取风险管理措施，以减少进度失控的风险量。

（5）应重视信息技术在进度控制中的应用。

4. 经济措施

施工进度控制的经济措施涉及工程资金需求计划和加快施工进度的经济激励措施。

（1）为确保进度目标的实现，应编制与进度计划相适应的资源需求计划（资源进度计划），包括资金需求计划和其他资源（人力和物力资源）需求计划，以反映工程施工的各时段所需要的资源。通过资源需求的分析，可发现所编制的进度计划实现的可能性，若资源条件不具备，则应调整进度计划。

（2）在编制工程成本计划时，应考虑加快工程进度所需要的资金，其中包括为实现施工进度目标将要采取的经济激励措施所需要的费用。

5. 施工进度控制的总结

项目经理部应在进度计划完成后，及时进行工程进度控制总结，为进度控制提供反馈信息，总结时应依据以下资料，即施工进度计划、施工进度计划执行的实际记录、施工进度计划检查结果、施工进度计划的调整资料。

施工进度控制总结应包括合同工期目标和计划工期目标完成情况、施工进度控制经验、施工进度控制中存在的问题、科学的工程进度计划方法的应用情况以及工程项目进度控制的改进意见。

第三节 施工成本控制与管理

建筑装饰工程施工成本的控制是为了更好地进行建筑装饰工程质量、工期、风险以及安全等方面的管理，对于施工成本的控制也有利于更合理的编制工程造价。

一、建筑装饰工程成本的分类

1. 按成本计价的定额标准分类

按成本计价的定额标准，建筑装饰工程成本分为预算成本、计划成本和实际成本。以上各种成本计算既有联系，又有区别。通过几种成本的相互比较，可看出成本计划的执行情况。

（1）预算成本。预算成本是按照建筑装饰工程实物量和国家、地区或企业制定的预算定额及取费标准计算的社会平均成本或企业平均成本，是以施工预算为基础进行分析、预测、归集和计算确定的。预算成本包括直接成本和间接成本，是控制成本支出、衡量和考核项目实际成本节约或超支的重要尺度（图4-8）。

（2）计划成本。计划成本是在预算成本的基础上，根据企业自身的要求，如内部承包的规定，结合建筑装饰工程的技术特征、自然地理特征、劳动力素质、设备情况等确定的标准成本，也称目标成本。计划成本是控制建筑装饰工程成本支出的标准，也是成本管理的目标。

（3）实际成本。实际成本是建筑装饰工程项目在施工过程中实际发生的可以列入成本支出的各项费用的总和，是工程项目施工活动中劳动耗费的综合反映。

2. 按计算建筑装饰工程成本对象的范围分类

按计算建筑装饰工程成本对象的范围，工程成本可分为单位工程成本、分部工程成本和分项工程成本。

二、施工成本控制的依据

施工成本控制的依据包括以下内容。

1. 工程承包合同

施工成本控制要以工程承包合同为依据，围绕降低工程成本这个目标，从预算收入和实际成本两方面，努力挖掘增收节支潜力，以求获得最大的经济效益。

2. 施工成本计划

施工成本计划是根据施工项目的具体情况制定的施工成本控制方案，既包括预定的具体成本控制目标，又包括实现控制目标的措施和规划，是施工成本控制的指导文件。

3. 进度报告

进度报告提供了每一时刻工程实际完成量、工程施工成本实际支付情况等重要信息。施工成本控制工作正是通过实际情况与施工成本计划相比较，

一层厂房装修工程 ($3350m^2$)						
序号	项目名称	单位	工程量	单价	价格 / 元	工艺和主要材质说明及备注
一、墙、地面工程						
1	砌墙隔墙	m^2	242.4	140	33936	150mm 厚，300mm × 600mm 轻质砖，金字塔牌混合砂浆砌筑，找平，人工主材辅材全包
2	车间隔断宣传墙	m^2	95	95	9025	L40 钢结构金属焊接，人工主材辅材全包
3	铁皮工具箱	m^2	52	380	19760	800mm × 500mm，开门铁皮柜，人工主材辅材全包
4	砌墙粉刷漆	m^2	484.8	22	10665.6	刮腻子二遍、砂纸打磨、多乐士乳胶漆滚两次，人工主材辅材全包
5	环氧自流地坪	m^2	3350	45	150750	高强度等级环氧地坪，基础打磨及裂缝，伸缩缝处理；刮环氧树脂漆 + 石英砂；打磨及清扫；刮涂环氧树脂漆自流平腻子层；环氧树脂地坪涂料面层 2 遍，镘刮环氧树脂漆自流平面层，含踢脚线高度 150mm 涂刷，人工主材辅材全包
6	楼梯间机房砌筑	m^2	9.5	140	1330	150mm 厚，300mm × 600 轻质砖，金字塔牌混合砂浆砌筑，找平，人工主材辅材全包
7	机房粉刷	m^2	28	22	616	刮腻子 2 遍、砂纸打磨、多乐士乳胶漆滚涂 2 遍，人工主材辅材全包
8	进门 LOGO 和宣传栏版面	项	1	1800	1800	制作 LOGO，有机玻璃板雕刻，人工主材辅材全包
	小计				227882.6	
二、门窗工程						
1	封门隔墙	m^2	54	162	8748	150mm 厚，300mm × 600mm 轻质砖，金字塔牌混合砂浆砌筑，找平，人工主材辅材全包
2	人员进出大门防盗铁门	套	2	2600	5200	中德派森牌，钢制防盗门，含五金件等，宽 1800mm，高 2400mm，人工主材辅材全包
3	调试工房对开铁门	项	1	3600	3600	仓库对开铁门，宽 2400mm，高 3000mm，含五金件等，人工主材辅材全包
4	仓库对开铁门	项	1	3600	3600	工坊对开铁门，宽 2400mm，高 3000mm，含五金件等，人工主材辅材全包
5	值班室防盗铁门	项	1	800	800	中德派森牌，钢制防盗门，含五金件等，人工主材辅材全包
6	机房单开门	项	1	800	800	中德派森牌，钢制防盗门，含五金件等，人工主材辅材全包
7	窗防盗铁栏	m^2	38.5	155	5967.5	普通不锈钢防盗网，人工主材辅材全包
8	窗帘	m^2	38.5	42	1617	遮光垂挂窗帘定做，人工主材辅材全包
9	监控室塑钢窗	m^2	3.2	260	832	塑钢型材，5mm 厚玻璃，宽 1800mm × 高 1800mm，人工主材辅材全包
	小计				31164.5	

图4-8　预算成本范例表

找出二者之间的差别，分析偏差产生的原因，从而采取措施改进以后的工作。此外，进度报告还有助于管理者及时发现工程实施中存在的隐患，并在事态还未造成重大损失之前采取有效措施，尽量避免损失。

4. 工程变更

在项目的实施过程中，由于各方面的原因，工程变更是很难避免的。工程变更一般包括设计变更、进度计划变更、施工条件变更、技术规范与标准变更、施工次序变更、工程数量变更等。一旦出现变更，工程量、工期、成本都必将发生变化，从而使施工成本控制工作变得更加复杂和困难。因此，施工成本管理人员应当通过对变更要求中各类数据的计算、分析，随时掌握变更情况。

除了上述几种施工成本控制工作的主要依据以外，有关施工组织设计、分包合同文本等也都是施工成本控制的依据。

三、施工成本控制的步骤

在确定了项目施工成本计划之后，必须定期进行施工成本计划值与实际值的比较，当实际值偏离计划值时，分析产生偏差的原因，采取适当的纠偏措施，以确保施工成本控制目标的实现。其步骤如下。

1. 比较

按照某种确定的方式将施工成本计划值与实际值逐项进行比较，以发现施工成本是否已超支。

2. 分析

在比较的基础上，对比较的结果进行分析，以确定偏差的严重性及偏差产生的原因。这一步是施工成本控制工作的核心，其主要目的在于找出产生偏差的原因，从而采取有针对性的措施，减少或避免相同原因的事件再次发生或减少由此造成的损失。

3. 预测

根据项目实施情况估算整个项目完成时的施工成本。预测的目的在于为决策提供支持。

4. 纠偏

当工程项目的实际施工成本出现了偏差，应当根据工程的具体情况、偏差分析和预测的结果，采取适当的措施，以期达到使施工成本偏差尽可能小的目的。纠偏是施工成本控制中最具实质性的一步。只有通过纠偏，才能最终达到有效控制施工成本的目的。

5. 检查

检查是指对工程的进展进行跟踪和检查，及时了解工程进展状况以及纠偏措施的执行情况和效果，为今后的工作积累经验。

四、施工阶段成本控制方法

建筑装饰工程成本分为间接成本和直接成本。直接成本指施工过程中消耗的构成工程实体和有助于工程形成的各项费用，包括人工费、材料费、施工机械使用费和其他直接费等成本费用。直接成本的控制是降低工程成本的关键，而材料费又占工程成本的60%~70%，是影响成本的主要因素，因而是成本控制的重点所在。间接成本的支出与工程施工直接关系，主要由项目管理机构的组成来决定。因此，要精简管理层，尽量选用一专多能型的管理人员，结合项目的特点成立有效的管理机构，同时对各项间接费用进行分解，制定合理间接费开支的各项指标，压缩开支。

1. 人工费控制

人工费控制按照“量价分离”的原则，一是对人工单价的控制；二是对项目消耗人工数量的控制。人工单价的控制主要是通过优化劳动组合来确定。一些技术含量高及主体工程以外的项目可分包给日工资单价比较低的施工队伍，以降低人工费，但目前装饰工程项目中，人工费单价的控制空间并不大，人工费的控制主要是从用工方面着手，通过制订合理的劳动力计划，采用技术革新，不断提高队伍的技能，注意劳动组合和人员的配套，充分利用有效工作时间，尽量减少非生产人员数量等手段，以提高劳动生产率，降低人工消耗量。

2. 材料费的控制

材料成本的控制，是控制工程成本的关键。材料费的控制，按照“量价分离”的原则，一是对材料用量的控制；二是对材料价格的控制（图4-9）。

图4-9 材料不同价格不同

材料用量要按定额确定单项工程的材料消耗量，严格执行材料进场验收和限额领料制度，有效地控制材料损耗量；对于没有消耗定额的材料，则实行计划管理和按指标控制的方法；准确做好材料物资的收发计量检查和投料计量工作：在材料使用过程中，对部分小型及零星材料根据工程量计算出所需材料量，将其折算出费用，由作业者包干控制。

材料价格主要由材料采购部门在采购过程中加以控制。材料采购是材料成本控制的源头，必须及时掌握市场价格的变化：要合理组织运输，采用最经济的运输方式，降低运输成本；要对材料资源进行详细调查，根据施工计划，确保材料的均衡供应，尽可能降低材料储备。

3. 施工机械费的控制

机械费主要是由机械台班消耗量和台班单价两方面决定。为有效控制台班支出，要制订切实可行的施工组织设计，合理配置施工机械的型号和数量，加强设备租赁计划管理，控制好机械租赁费用，避免设备闲置；要加强机械设备的调度工作，提高现场设备的利用率；要加强机械操作人员的技术培训及设备的维修和保养，提高设备的完好率；对于短缺机械，企业内部又调配不了的情况，要进行购买与租赁的经济比较，购置设备数量力求从多个角度来全面降低机械使用的各种费用。

4. 加强合同管理，做好索赔工作

合同管理是一项重要的工作，项目经理部必须履行施工合同，在施工合同及补充合同签订后对合同内容、风险、重点或关键问题做出特别说明和提示，向各职能部门人员关底，落实施工合同约定的目标，依据施工合同指导工程实施和项目管理工作，避免因合同纠纷而造成的经济损失。索赔是挽回经济损失的重要途径之一，是合同管理的重要环节。项目经理部在履行施工合同期间，应注意收集、记录对方当事人违约事实的证据，作为索赔的依据。按施工合同文件有关规定，认真、如实、合理、正确地计算索赔的时间和费用，撰写索赔文件，及时提出高质量的索赔报告，为索赔成功和企业取得较好的经济效益打下坚实的基础。

5. 加强对分包工程的成本管理与控制

分包工程成本是整个项目成本的重要组成部分，因此，加强对分包工程的成本控制是建筑装饰工程成本管理与控制的重要部分。

（1）加强分包工程成本控制，首先要注意分包工程签约风险控制，签约前既要做好对分包队伍的资质、资信、信誉、实力的调查，同时还要做好分包单位签约人或法定代表人的资格审查。

（2）加强分包工程成本控制，重点在于施工阶段的实际成本控制。分包工程实际成本控制更多的要靠事前控制、人为行动控制、主动控制及建立严格的管理制定来组织实施。

（3）建立外包工程付款制度、程序，并在合同条款中明确。

（4）建立分包单位结算及付款台账，详细记录因分包工程与分包单位发生的各项经济往来，包括工程内容、合同规定、已结算价款、领用材料款、已支付工程款、扣留工程保修金等经济事项，以便于统筹控制。

补充要点

降低工程成本措施

降低工程成本措施是在保证施工质量及安全的基础上，以施工预算合同工期及技术组织措施为依据而编制的。例如，组建强有力的领导班子，合理选调精干的装饰队伍进行装饰施工，保证劳动生产率的提高，减少总的用工数；采用新技术、新工艺提高工效，降低材料耗用量，节约施工总费用等。

第四节　建筑装饰工程成本核算

一、建筑装饰工程成本核算的内容和对象

根据财会［2003］27号文《施工企业会计核算办法》的规定，工程成本的成本项目具体包括以下内容，人工费、材料费、机械使用费，其他直接费和间接费用，其中前4项构成建筑安装工程的直接成本，第5项为建筑安装工程的间接成本，直接成本加上间接成本，构成建筑安装工程的生产成本。施工企业在核算产品成本时，就是按照成本项目来归集企业在施工生产经营过程中所发生的应计入成本核算对象的各项耗费（图4-10、图4-11）。

图4-10　成本核算

一般来说，施工企业原则上应该以每一单位工程作为成本核算的对象，这是因为施工预算是按单位工程编制的。

二、建筑装饰工程成本核算的基本要求

1. 严格遵守国家规定的成本、费用开支范围

成本、费用开支范围是指国家对企业发生的各项支出，允许其在成本、费用中列支的范围。施工企业与施工生产经营活动有关的各项支出，都应按规定计入企业的成本、费用。

2. 加强成本核算的各项基础工作

成本核算的各项基础工作是保证成本核算工作

目标成本控制表

名称		基础					主体					装饰					总成本				
		预算成本	计划成本	实际成本	降低额	降低率	预算成本	计划成本	实际成本	降低额	降低率	预算成本	计划成本	实际成本	降低额	降低率	预算成本	计划成本	实际成本	降低额	降低率
人工费																					
材料费																					
机械费																					
其他直接费																					
现场经费	临时设施费																				
	现场管理费																				
价差调整	人工费调整																				
	材料价差																				
	其中：一类材差																				
	二类材差																				
	机械费调整																				
制造成本																					

项目经理：　　　　责任会计：　　　　预算员：　　　　年　月　日

图4-11 目标成本控制表

补充要点

施工成本控制的具体措施

1. 认真审查图纸，了解预算表中的施工工艺要求，在施工图纸与施工现场产生冲突时，能及时办理项目变更，合理增减项目。
2. 选择合适的施工方案，这不仅要结合建筑装饰工程的施工规模，同时还要考虑建筑装饰工程施工的复杂程度、现场条件、现场机械情况以及职工素质等因素。
3. 均衡施工，在保证施工质量的前提条件下加快工程进度。
4. 合理安排施工人员，同时加强现场施工人员的管理，避免不必要的装饰工程资源损失和成本支出，要严格劳动纪律，提高施工现场的劳动生产率。
5. 加强施工现场的管理工作，合理堆放施工材料，减少搬运次数，减少仓储和摊基损耗，一定要控制好材料的成本。
6. 加强施工现场安全管理和项目费用支出管理，提高现场施工人员的生产积极性，提高劳动效率。

正常进行，以及保证成本核算工作质量的前提条件。施工企业成本核算的基础工作主要包括以下内容：建立健全原始记录制定，建筑健全各项财产物资的收发、领退、清查和盘点制度，制定或修订企业定额。

3. 划清各种费用界限

为使施工企业有效地进行成本核算，控制成本开支，避免重计、漏计、错计或挤占成本的情况发生，施工企业应在成本核算过程中划清有关费用开支的界限。

4. 加强费用开支的审核和控制

施工企业要由专人负责，依据国家有关法律政策、各项规定及企业内容制定的定额或标准等，对施工生产经营过程中发生的各项耗费进行及时的审核和控制。

5. 建立工程项目台账

为了对各工程项目的基本情况做到心中有数，便于及时向企业决策部门提供所需信息，同时为有关管理部门提供所需要的资料，施工企业还应按单项施工承包合同建立工程项目台账（图4-12）。

三、建筑装饰工程成本核算的程序

建筑装饰工程成本核算程序是指企业在具体组织工程成本核算时应遵循的步骤与顺序。按照核算内容的详细程度，可分为以下两个方面。

1. 工程成本的总分类核算程序

工程成本的总分类核算程序是指总括地核算工程成本时一般应采取的步骤和顺序。施工企业对施工过程中发生的各项工程成本，应先按其用途和发生的地点进行归集。其中，直接费用可以直接计入受益的各个工程成本核算对象的成本中；间接费用则需要先按照发生地点进行归集，然后再按照一定的方法分配计入受益的各个工程成本核算对象的成本中。并在此基础上，计算当期已守工程或竣工工程的实际成本。

某项目工程成本核算

项目名称	分类名称	单位	成本单价 / 元	工程量	成本小计 / 元
凹凸造型门刷混油	油漆 - 木门	扇	60	12	720
百叶门刷混油	油漆 - 木门	扇	65	23	1495
白色混油饰面暖气罩	木作 - 家具	m	70	34	2380
卫生间五金件安装费	水电 - 安装	套	300	5	1500
白色混油饰面挂镜线制作	木作 - 顶面装饰	m	30	2	60
白色混油饰面顶角线制作	木作 - 顶面装饰	m	20	4	80
白色混油饰面百叶暖气罩	木作 - 家具	个	120	5	600
白色混油饰面暖气罩	木作 - 家具	m	80	6	480
卫生间五金件安装费	水电 - 安装	套	30	7	210
玻璃砖隔断清工	木作 - 墙面装饰	m^2	60	3	180
白色混油饰面木格玻璃发光顶	木作 - 顶面装饰	m^2	60	3	180
窗帘盒	木作 - 顶面装饰	m	80	4	320
带裙边浴缸安装	水电 - 安装	只	100	5	500
地面找平（40mm 以内）	泥瓦 - 基础	m^2	12	6	72
地面找平（40mm-80mm）	泥瓦 - 基础	m^2	15	7	105
地面找平（40mm-150mm）	泥瓦 - 基础	m^2	18	8	144
铲除沙灰墙面、原抹灰层	拆除及其他	m^2	10	8	80
拆除混凝土墙	拆除及其他	m^2	60	9	540
地下室墙面防潮处理	油漆 - 涂料	m^2	65	12	780
背景墙（石膏板饰面 - 平面造型）	木作 - 墙面装饰	m^2	120	8	960
吊柜	木作 - 家具	m	560	20	11200
…					

图4-12 某项目工程成本核算

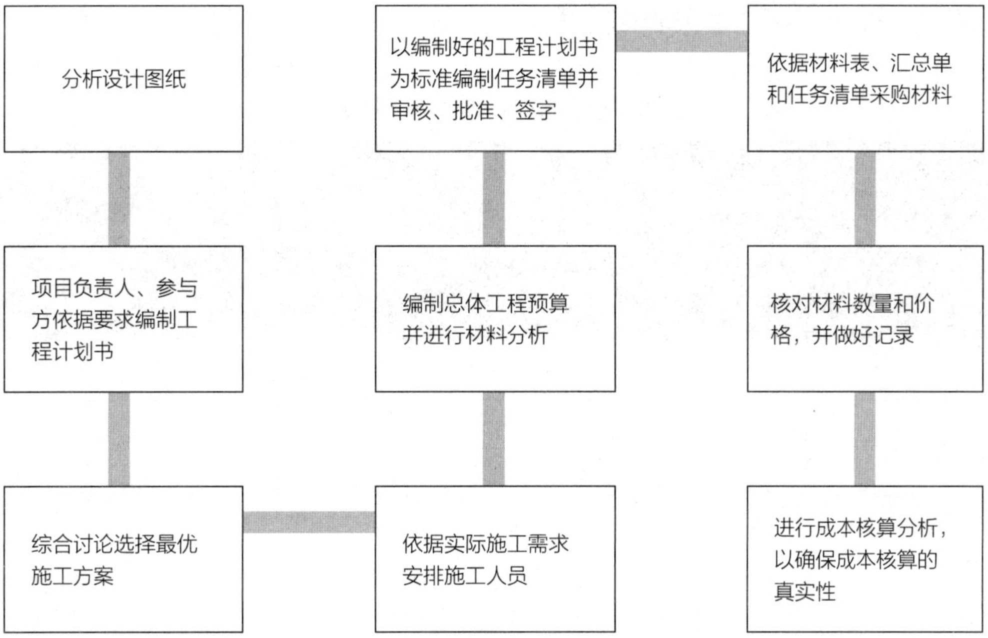

图4-13　成本核算流程

2. 工程成本的明细分类核算程序

为了详细地反映工程成本在各个成本核算对象之间进行分配和汇总的情况，以便计算各项工程的实际成本，施工企业除了进行工程成本的总分类核算外，还应设置各种施工生产费用明细账，组织工程成本的明细分类核算。

工程成本的明细分类核算程序应与工程成本的总分类核算程序相适应。施工企业工程成本的核算主要包括以下步骤：分配各项施工生产费用；分配待摊费用和预提费用；分配辅助生产费用；分配机械作业；分配工程施工间接费用；结算工程价款；确认合同毛利；结转完工施工产品成本。

四、建筑装饰工程成本核算管理

要得到更经济和实用性强的成本核算，首先要对成本核算的管理工作进行改革，下面将详细介绍成本核算管理工作的相关改进措施。

1. 成本核算体系规范化

在建筑装饰行业中，成本核算的管理工作已不仅仅是个人的工作，在进行成本核算管理时应有明确的项目负责人，在核算过程中应将会计数值与责任、核算控制与业绩结合管理，并通过会计数值的变化明确责任，以便于及时改进建筑装饰工程在施工中的不足之处（图4-13）。

2. 升华成本核算意识，提高管理效率

传统的成本核算意识已经不能满足当前市场经济的需要，传统的成本核算意识会不断削弱建筑装饰工程内不同类型职工的职责，同时还会影响不同职工之间合作的协调性，对于提高建筑装饰工程的利润也有很大的阻碍。因此，改变成本核算意识迫在眉睫，这不仅是为了提升建筑装饰工程的施工质量，同时也是为了减少施工过程中产生的损失。

建筑装饰工程的成本核算管理工作是无可替代的重要环节，它必须具备一定的独立性，才能更好地达到集中管理和统一规范的作用。

五、建筑装饰工程成本核算相关表格（表4-2～表4-9）

表4-2　　　　建筑装饰工程项目成本核算表（示例）

<table>
<tr><td>工程名称</td><td colspan="3"></td><td colspan="2">工程总造价</td><td></td><td>工程监理</td><td colspan="2"></td></tr>
<tr><td rowspan="2">序号</td><td rowspan="2">成本核算项目</td><td rowspan="2">核算比例/%</td><td rowspan="2">金额/元</td><td colspan="3">成本核算参考数值</td><td colspan="3">目标控制成本</td></tr>
<tr><td>分项核算</td><td>比例/%</td><td>金额/元</td><td>控制比例/元</td><td>金额/元</td><td>小计/元</td></tr>
<tr><td>1</td><td></td><td></td><td></td><td></td><td></td><td></td><td></td><td></td><td></td></tr>
<tr><td>2</td><td></td><td></td><td></td><td></td><td></td><td></td><td></td><td></td><td></td></tr>
<tr><td>3</td><td></td><td></td><td></td><td></td><td></td><td></td><td></td><td></td><td></td></tr>
<tr><td>…</td><td></td><td></td><td></td><td></td><td></td><td></td><td></td><td></td><td></td></tr>
<tr><td>…</td><td>合计</td><td></td><td></td><td colspan="3">目标合计</td><td></td><td></td><td></td></tr>
<tr><td>…</td><td>编制说明</td><td colspan="8">本表提供的比例数值为经验数值，具体核算时应依据建筑装饰工程施工的难易程度以及报价情况做适当的调整，目标控制成本为精细化管理计划达成的成本控制目标</td></tr>
</table>

补充要点

成本核算的原则

1. 合法性原则。指计入成本的费用必须符合法律、法令、制度等的规定。
2. 可靠性原则。包括真实性和可核实性。真实性指所提供的成本信息与客观的经济事项相一致；可核实性指成本核算资料按一定的原则由不同的会计人员加以核算，都能得到相同的结果。
3. 相关性原则。包括成本信息的有用性和及时性。有用性指成本核算要为管理当局提供有用的信息；及时性是强调信息取得的时间性。
4. 分期核算原则。成本核算的分期，必须与会计年度的分月、分季、分年相一致，这样更便于利润的计算。
5. 权责发生制原则。应由本期成本负担的费用，不论是否已经支付，均应计入本期成本；不应由本期成本负担的费用（即已计入以前各期的成本，或应由以后各期成本负担的费用），虽然在本期支付，但也不应纳入本期成本中，这样更便于正确提供各项的成本信息。
6. 实际成本计价原则。生产所耗用的原材料、燃料、动力要按实际耗用数量的实际单位成本计算，完工产品成本的计算要按实际发生的成本计算。
7. 一致性原则。成本核算所采用的方法，前后各期必须一致，以使各期的成本资料有统一的口径，前后连贯，互相可比。
8. 重要性原则。指对于成本有重大影响的业务内容，应作为核算的重点，力求精确，而对于那些不太重要的琐碎的经济业务内容，可以相对从简处理。

表4-3　　××工程部成本分析一览表（示例）

名称	金额 / 万元	占工程合同造价比例 /%	占工程合同直接费用比例 /%	上缴金额 / 万元	上缴综合费率 /%	计划成本支出 / 万元	节约额 / 万元	节约率 /%
一、工程造价								
二、直接费用								
1. 预算直接费								
（1）人工费								
（2）材料费								
（3）机械费								
2. 其他直接费								
3. 现场经费								
（1）临时设施费								
（2）现场管理费								
三、间接费用								
四、施工利润								
五、价差调整								
六、定额编制费								
七、税金								
八、劳保费用								
…								
合计								

备注：1. 施工预算交由项目经理编制，需确保项目工程的计划成本
2. 要确保项目工程的人工费、材料费、机械费、直接费以及间接费成本的构成，并能为施工生产要素的成本核算提供有力依据
3. 由项目经理主持编制“项目工程计划目标成本控制措施表”，要将各分部分项工程的成本控制目标和要求以及各成本要素的控制目标和要求落实到项目工程成本控制的责任人，并进行成本控制
4. 项目经理主持制定相对应的成本考核制度，注意保证项目工程计划成本的落实

项目经理（签字）：　　成本会计（签字）：　　预算员（签字）：

（盖章）　　（盖章）　　（盖章）

××××年××月××日

表4-4　　××工程部人工费月度成本控制表（示例）

工程量名称	数量	单价 / 元	预算成本	计划成本	实际成本	降低额 / 万元	降低率 /%

成本亏损原因：
1.
2.
3.
…

项目经理（签字）：
（盖章）

责任会计（签字）：
（盖章）

预算员（签字）：
（盖章）

劳资员（签字）：
（盖章）

××××年××月××日

补充要点

项目成本核算

项目成本核算一般以独立编制施工图预算的单位工程为对象，主要将工期、结构类型、施工组织和施工方案灵活划分成本核算对象。进行项目成本核算时要注意以下几点。

1. 当多个施工单位同时施工一项单位工程时，各施工单位都应以同一单位工程为成本核算对象，各自核算其应当独立完成的部分。
2. 规模较大、工期较长的单位工程，可将工程划分为若干部位，以分部位的工程作为成本核算的对象。
3. 由同一施工单位施工的同一建设项目，如果在同一施工地点施工，则属于同一建设项目的各个单位工程可合并作为一个成本核算对象。
4. 需要改建或者扩建的零星工程，可以依据现场实际情况和管理需要，以一个单项工程为成本核算对象，或将同一施工地点的若干个工程量较少的单项工程合并作为一个成本核算对象。

表4-5　　××工程部材料费月度成本控制表（示例）

材料名称										...
采购成本	预算价格 / 万元									
	计划价格 / 万元									
	实际价格 / 万元									
	降低额 / 万元									
	降低率 /%									
材料消耗成本	预算数量									
	计划数量									
	实际数量									
	降低数量									
	降低额 / 万元									
	降低率 /%									
周转设备材料消耗成本	预算价格 / 万元									
	计划价格 / 万元									
	实际价格 / 万元									
	降低额 / 万元									
	降低率 /%									
材料费总计	预算价格 / 万元									
	计划价格 / 万元									
	实际价格 / 万元									
	降低额 / 万元									
	降低率 /%									

成本盈亏原因：
1.
2.
3.

项目经理（签字）：　　　　责任会计（签字）：

（盖章）　　　　（盖章）

预算员（签字）：　　　　机械员（签字）：

（盖章）　　　　（盖章）

××××年××月××日

表4-6　××工程部其他直接费用月度成本控制表（示例）

工程量名称	预算成本 / 万元	计划成本 / 万元	实际成本 / 万元	降低额 / 万元	降低率 /%

成本亏损原因：
1.
2.
3.
…

项目经理（签字）：　　预算员（签字）：　　责任会计（签字）：

（盖章）　　（盖章）　　（盖章）

××××年××月××日

★ 小贴士

项目工程成本管理方法

项目成本管理主要有事前管理、事中管理以及事后管理这几种。其中，事前管理包括项目工程成本预测和计划，事中管理包括项目工程成本控制和监督，事后管理则包括项目工程成本核算和分析，具体指项目工程成本综合分析和单位工程成本分析。

表4-7　××工程部间接费用月度成本控制表（示例）

工程量名称	预算成本 / 万元	计划成本 / 万元	实际成本 / 万元	降低额 / 万元	降低率 /%

成本亏损原因：
1.
2.
3.

项目经理（签字）：　　预算员（签字）：　　责任会计（签字）：

（盖章）　　（盖章）　　（盖章）

××××年××月××日

小贴士

项目工程成本核算注意事项

1. 核算的前提是不能以预算成本以及估算成本来代替实际成本，且对于还没有完全结束的项目工程一定要定期审查，要依据审查的结果核算项目工程的成本，并随之调整相应的采购计划。
2. 项目成本在核算时要明确施工项目所收的费用必须与收入相匹配，必须做到实际形象进度、统计申报的数量以及物资消耗水平同步。
3. 主持项目工程成本核算的主管人员必须注意工程价款的结算，并要依据项目工程合同的相关规定及时间向业主收回备料款和工程进度款，要确保工程价款的收取和工程形象进度能够同步进行。
4. 在进行项目工程成本核算时，一定要处理好施工过程中的增项工程的签证和索赔等工作，在工程竣工后，还要及时协助工程结算工作的进行，并能及时收回除保修金之外的全部工程款。
5. 项目主管要做好多次审核的准备，在保修期间，要确保项目工程不会出现任何问题，且应做好项目工程的清场工作，在保修期结束之后，原项目工程的主管还需及时收回剩余的保修金。
6. 在进行项目工程成本核算时要遵守相关规定，计算工程量时要符合国家现行的工程量计算规则，注意做好施工记录、会审记录。此外，在进行项目工程成本核算时要注意监督好工程施工过程中产生的各种费用，并将各项费用控制在成本计划规定的范围内，以保证计划成本的稳定性。

表4-8　现场经费成本核算表（示例）

项目名称：									单位：元
序号	费用名称	本月数				累计数			
		预算成本/万元	实际成本/万元	降低额/万元	降低率/%	预算成本/万元	实际成本/万元	降低额/万元	降低率/%
1	安全文明施工费								
2	检验试验费								
3	临时设施摊销费								
4	管理人员工资								
5	二线人员工资								
6	办公费								
7	招待费								
8	差旅费								
9	其他费用								
…									
	合计								

项目经理（签字）：　　　　制表人（签字）：

表4-9　　××工程部总目标成本分部分项目标成本控制表（示例）

名称	人工费	材料费	机械费	其他直接费	现场经费		价差调整				制造成本
					临时设施费	现场管理费	人工费调整	机械费调整	一类材料价差	二类材料价差	
一、基础											
预算成本/万元											
计划成本/万元											
实际成本/万元											
降低额/万元											
降低率/%											
二、主体											
预算成本/万元											
计划成本/万元											
实际成本/万元											
降低额/万元											
降低率/%											
三、装饰											
预算成本/万元											
计划成本/万元											
实际成本/万元											
降低额/万元											
降低率/%											
四、总成本											
预算成本/万元											
计划成本/万元											
实际成本/万元											
降低额/万元											
降低率/%											
…											

项目经理（签字）：　　责任会计（签字）：　　预算员（签字）：

（盖章）　　（盖章）　　（盖章）

××××年××月××日

小贴士

本期已完工程成本计算

本期已完工程成本＝期初未完工程成本＋本期发生的生产费用－期末未完工程成本

第五节　实例分析：国际学校建筑装饰改造工程成本核算（扫码下载案例）

案例二维码

本章小结

为获取更合理化的设计方案，建筑装饰企业或单位需要更加重视建筑装饰工程的成本核算，核算时必须以实事求是为工作原则，要更多的结合现场施工情况，对材料的市场价格和市场销售情况均要有一个比较系统的了解，这将是后期建筑装饰工程成本核算的重要依据。

课后练习

1. 建筑装饰工程间接费包括哪些内容?
2. 建筑装饰工程间接费的费率如何测算?
3. 建筑装饰工程施工成本主要可分为哪几类?
4. 建筑装饰工程施工成本控制的依据是什么?
5. 建筑装饰工程施工成本如何控制?
6. 建筑装饰工程成本核算的基本要求有哪些?
7. 如何进行建筑装饰工程成本核算?
8. 建筑装饰工程成本核算的原则有哪些?
9. 如何检查施工进度计划?
10. 为何会出现施工进度偏差?

第五章

建筑装饰工程估算

案例图纸　　PPT 课件

» **学习难度：** ★★★☆☆

» **重点概念：** 软装估算、硬装估算、投资估算

» **章节导读：** 本章将重点讲解建筑装饰工程中的软装估算及硬装估算，此外，针对建筑装饰投资估算也做了详细的讲解，这对于读者全面了解建筑装饰工程造价有很大帮助。

第一节　软装工程估算

了解软装工程估算首先必须了解软装陈设，软装陈设所包含的元素较多，如家具、灯具、装饰画以及陶瓷等。

补充要点

软装陈设工程造价

软装陈设工程的造价主要以建筑装饰工程的实地面积来进行估算，一般依据装饰层次的不同，软装陈设工程造价也有所不同。装饰层次主要可以分为低端、中端以及高端。低端装饰的整体设计比较简单，造价较低；中端装饰则一般选择比较常规的陈设风格，建筑材料也相对简单；高端装饰则对于各项软装陈设用品的材质要求都比较高，因此造价也较高。

一、设计范畴

软装陈设是关于整体建筑环境、空间美学、陈设艺术、生活功能、材质风格、意境体验以及风水文化等多种元素架构而成的具备创意性的融合艺术，它所应用的范围较广，多运用于家庭住宅、商业空间以及办公空间中，良好的软装陈设不仅可以有效美化建筑环境，还能提高建筑空间格调，升华设计意图。

二、构成元素

软装陈设主要由家具、饰品以及灯饰组成，这些元素又有不同划分，具体可参考图5-1。

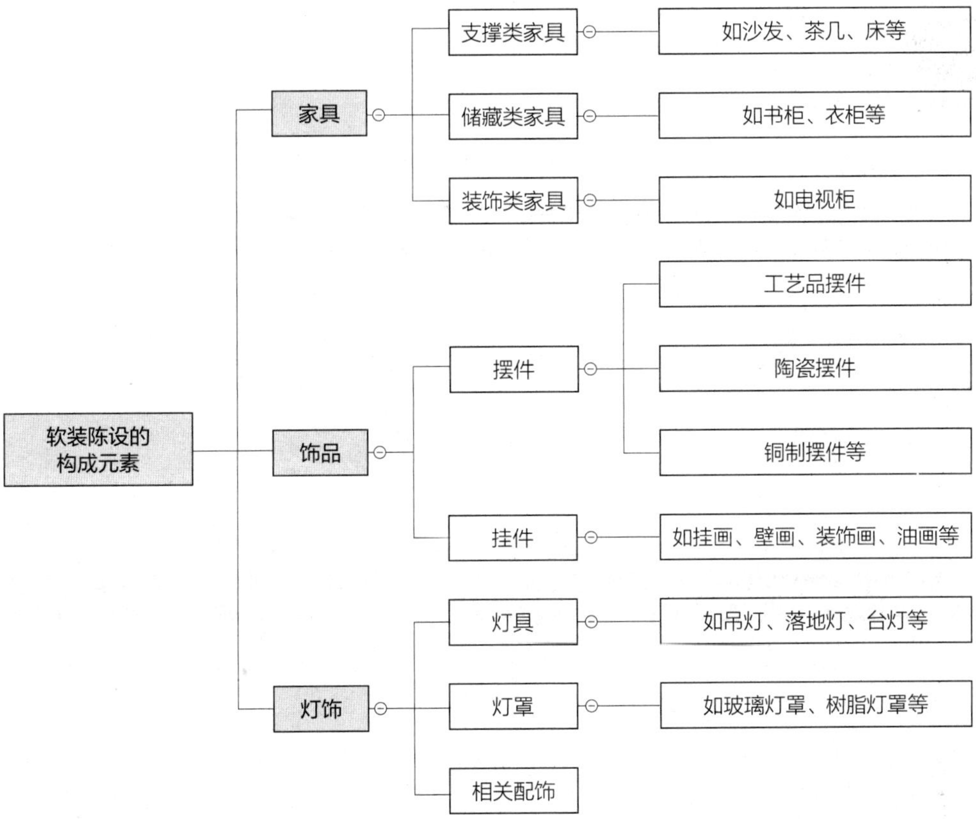

图5-1　软装陈设构成元素

三、相关表格（表5-1～表5-4）

表5-1　　软装合同总计汇总表（示例）

序号	产品类型	单位	件数	金额/元	备注
1	家具	件			
2	灯具	件			
3	饰品	组			
A：以上软装物品直接费用合计					
1	运输费用	次			
2	物料安装费用（A×2%）	次			
3	当地搬运费（A×1%）	次			
4	摆设跟进费用（A×2%）	次			
5	税金	批			
合计					

表5-2　　家具清单（示例）

序号	配置区域	物品类型	材质	规格/毫米	数量	单位	单价/元	合计/元	产品图片	备注
1										
2										
3										
…										
合计										

表5-3　　灯具清单（示例）

序号	配置区域	物品类型	颜色材质	规格/毫米	数量	单位	单价/元	合计/元	产品图片	备注
1										
2										
3										
…										
合计										

表5-4　　饰品清单（示例）

序号	配置区域	物品类型	规格/毫米	数量	单位	单价/元	合计/元	产品图片	备注
1									
2									
3									
…									
合计									

第二节　硬装工程估算

建筑装饰硬装工程的估算主要体现在工程量的计算上，在正式开始估算之前，我们需要了解建筑装饰工程中不同项目工程量的具体计算方式，最后再将其计算结果汇总至相对应的图表中（本节仅做介绍讲解，具体工程量的计算见本文第七章）。

一、建筑装饰工程分项工程量计算

1. 建筑面积计算

（1）单层建筑物的建筑面积。单层建筑物中设有局部楼层，且建筑外围有围护结构的，建筑面积应按照围护结构外围水平面积计算，反之则按照结构底板水平面积计算，计算时需注意建筑高度在2200毫米以上的，计算全部建筑面积，反之则仅计算全部建筑面积的一半。

（2）多层建筑物的建筑面积。一般首层按照建筑物外墙勒脚以上的结构外围水平面积计算；两层及以上楼层则按照建筑物外墙结构的外围水平面积计算，计算时需注意建筑高度在2200毫米以上的，计算全部建筑面积，反之则仅计算全部建筑面积的一半。

2. 楼地面工程量计算

（1）整体面层以及找平层工程量计算。目前比较常见的楼地面主要包括水泥砂浆楼地面、现浇水磨石楼地面、细石混凝土楼地面、菱苦土楼地面以及自流平楼地面等，在计算楼地面工程量时需扣除凸出地面构筑物、设备基础以及地沟等所占的面积，间壁墙（墙体厚度不大于120毫米）、柱（面积不大于0.3米^2）、垛以及烟道等的面积不扣除，门洞、空圈、壁龛以及暖气包槽等的开口部分不额外增加面积（图5-2）。

（2）块料面层楼地面的工程量计算。类似于大理石面层、马赛克面层，在计算块料面层楼地面的工程量时需将门洞、空圈、壁龛以及暖气包槽等的开口部分纳入工程量的计算中。

（3）橡塑面层楼地面的工程量计算。类似于塑料板面层、PVC铺地卷材，在计算橡塑面层楼地面的工程量时需将门洞、空圈、壁龛以及暖气包槽等的开口部分纳入工程量的计算中。

（4）地毯楼地面的工程量计算。在计算地毯楼地面的工程量时需将门洞、空圈、壁龛以及暖气包槽等的开口部分纳入工程量的计算中（图5-3）。

（5）竹、木、金属复合地板楼地面的工程量计算。在计算竹、木、金属复合地板楼地面的工程量时需将门洞、空圈、壁龛以及暖气包槽等的开口部分纳入工程量的计算中（图5-4）。

（6）防静电活动地板楼地面的工程量计算。

图5-2　细石混凝土楼地面

图5-3　地毯楼地面

图5-4 竹、木地板楼地面

在计算防静电活动地板楼地面的工程量时需将门洞、空圈、壁龛以及暖气包槽等的开口部分纳入工程量的计算中。

（7）踢脚板工程量计算。建筑装饰工程中的踢脚板主要包括水泥砂浆踢脚板、石材踢脚板、块料踢脚板、塑料踢脚板、木质踢脚板、金属踢脚板以及防静电踢脚板，其工程量的计算主要按照设计图纸以其长度乘以高度计算，主要计算面积，也可按照延长米数计算，单位为米。

（8）楼梯面层工程量计算。建筑装饰工程中的楼梯面层主要包括石材楼梯面层、块料楼梯面层、拼碎块料面层、现浇水磨石楼梯面层、水泥砂浆楼梯面层、地毯楼梯面层、木板楼梯面层、橡胶板楼梯面层以及塑料板楼梯面层。楼梯面层工程量的计算主要是按照设计图纸以楼梯（普通楼梯、踏步、休息平台以及不大于500毫米的楼梯井）水平投影面积计算，当楼梯与楼地面相连时，需计算至梯口梁内侧边沿，没有梯口梁的，则计算至楼梯最上一层踏步边沿，并在此基础上加算300毫米。

（9）台阶装饰面层工程量计算。建筑装饰工程中的台阶装饰面层主要包括石材台阶面层、块料台阶面层、拼碎块料台阶面层、水泥砂浆台阶面层、现浇水磨石台阶面层以及剁假石台阶面。其中石材台阶面层、块料台阶面层、拼碎块料台阶面层的工程量主要是按照设计图纸，以展开面积计算；水泥砂浆台阶面层、现浇水磨石台阶面层、剁假石台阶面的工程量是按照设计图纸以台阶（包括最上层踏步边沿，并在此基础上增加300毫米），以展开面积计算。

补充要点

工程量计算的依据

建筑装饰工程量的计算要遵守相对应的计算规则，具体计算依据如下。

1. 经多方会审合格的施工设计图纸以及施工设计说明。
2. 建筑装饰施工合同以及招标文件中的商务条款。
3. 经多方会审合格的施工组织设计以及施工技术措施方案。
4. 经多方会审合格的与估算相关的技术经济文件。
5. 国家现行的工程量计算规则。

3. 墙、柱面装饰的工程量计算

（1）墙面抹灰工程量计算。主要依据设计图纸以面积计算，踢脚线、挂镜线以及墙与构件交接处的面积，附墙柱、梁、垛、烟囱侧壁、飘窗凸出外墙面部分等均应纳入工程量的计算中，但注意扣除墙裙、门窗洞口以及单个面积大于0.3米^{2}的孔洞面积。

（2）墙面勾缝、立面砂浆找平层的工程量计算。主要依据设计图纸以面积计算，踢脚线、挂镜线以及墙与构件交接处的面积，附墙柱、梁、垛、烟囱侧壁、飘窗凸出外墙面部分等均应纳入工程量的计算中，但注意扣除墙裙、门窗洞口以及单个面积大于0.3米^{2}的孔洞面积。

（3）外墙抹灰工程量计算。主要计算面积，一般以建筑物外墙垂直投影面积计算。

（4）外墙墙裙抹灰工程量计算。主要计算面积，一般以墙裙的长度乘以高度计算。

（5）柱面抹灰工程量计算。柱面抹灰包括柱、梁面一般抹灰，柱、量面装饰抹灰，柱、梁面砂浆找平以及柱面勾缝。柱面抹灰的工程量计算一般是依据设计图纸计算相对应的面积，即以柱或梁断面的周长乘以高度计算。

4. 顶棚工程量计算

（1）顶棚抹灰工程量计算。建筑装饰工程中的顶棚工程主要是计算水平投影面积，一般不会扣除间壁墙、垛、柱、附墙烟囱以及检查口和管道的面积。但要注意，如果顶棚有梁，则应将梁两侧的抹灰面积纳入顶棚面积中。

（2）顶棚吊顶工程量计算。主要计算水平投影面积，一般不会扣除间壁墙、垛、柱、附墙烟囱以及检查口和管道的面积，但要扣除单个面积大于0.3米^{2}的孔洞面积，独立柱以及和顶棚相连的窗帘盒所占的面积也需扣除。

5. 门、窗工程量计算

（1）木门工程量计算。配备有门套的木质门一般按照洞口尺寸以面积计算，但不包括门套的面积，门套的价格一般记录在综合单价中。

（2）金属门工程量计算。可以依据设计图纸以数量计算，单位为樘，也可以按照洞口尺寸以面积计算。此外，其他材质的门的工程量计算大多与之类似，这里不再赘述。

（3）窗的工程量计算。窗的制作材质较多，一般多按照设计图纸以窗框的外围展开面积来计算窗的工程量，也可依据洞口尺寸计算。

6. 拆除工程的工程量计算

（1）砖砌体拆除工程量计算。主要按照拆除墙体的体积计算，也可以按照拆除的延长米数计算。

（2）混凝土以及钢筋混凝土构件拆除工程量计算。主要按照拆除构件的混凝土的体积计算，也可以按照拆除部位的面积计算，还可以按照拆除部位的延长米数计算。

（3）木构件拆除工程量计算。主要按照拆除木构件的体积计算，也可以按照拆除部位的面积计算，还可按照拆除部位的延长米数计算。

（4）抹灰层拆除工程量计算。主要按照拆除部位的面积计算。

（5）块料面层拆除工程量计算。主要按照拆除部位的面积计算。

（6）门窗以及金属构件拆除工程量计算。门窗拆除按照拆除面积计算，金属构件拆除则可按照拆除构件的质量计算，单位为“吨”，也可按照拆除的延长米数计算，单位为“米”。

二、建筑装饰工程材料用量计算

1. 建筑陶瓷砖用量计算

建筑装饰工程中所使用的陶瓷砖主要包括釉面砖、外墙贴面砖、铺地砖、陶瓷马赛克等，每一种类型的陶瓷砖都有不同的规格和花色，下面介绍陶瓷块料的用料计算方式。

100米^{2}陶瓷块料用量＝{100÷[（块长＋拼缝）×（块宽＋拼缝）]}×（1＋块料损耗率）

2. 建筑石材板料用量计算

建筑装饰工程中所使用的石材板料主要包括天然石板材以及人造石板材等，其中天然大理石板材、花岗石饰面板、人造大理石板材以及彩色水磨石板材使用频率较高。下面介绍石材板料的用料计算方式。

100米^{2}石材板料用量＝{100÷[（块长＋拼缝）×（块宽＋拼缝）]}×（1＋石材板料损耗率）

3. 建筑板材用料计算

建筑装饰工程中所使用的板材主要包括胶合板、纤维板、石膏板、塑料复合钢板以及铝合金压型板等新型板材，下面介绍板材的用料计算方式。

100米^{2}板材用量＝［100÷（块长×块宽）］×（1＋板材损耗率）

4. 建筑顶棚材料用料计算

建筑装饰工程中的顶棚材料要求外形美观，防火性能和吸声性能都要好。下面介绍顶棚材料的用料计算方式。

100米^{2}板材用量＝［100÷（块长×块宽）］×（1＋顶棚材料的损耗率）（一般不计算拼缝）

5. 建筑涂料用料计算

建筑装饰工程中所使用的涂料大多有不同的性能特点，其用量的计算一般要依据于此，具体的计算公式如下所示。

涂料用量＝［涂料涂刷面积（米^2）÷每1千克涂刷面积（米^2/千克）］×（1＋涂料损耗率）

6. 卷材用料计算

卷材或油毡的用料计算方式如下。

100米^{2}卷材用量＝｛每卷面积×100÷［（卷材宽－长边搭接）×（卷材长－短边搭接）］｝×（1＋卷材损耗率）

补充要点

工程量计算原则

建筑装饰工程量的具体计算原则如下。

1. 统一计算规则。计算工程量所用的计算规则必须与国家现行的工程量计算规范规定的工程量计算规则相一致。
2. 统一计算口径和计量单位。计算建筑装饰工程量时必须注意施工图纸所列的工程项目的口径要与国家现行的工程量计算规范规定相应的清单项目的口径一致，且所使用的计量单位也需与国家规定相符。
3. 统一计算顺序和计算精确度。计算建筑装饰工程量时要遵循一定的顺序，避免漏项，同时工程量的数字精确度要准确且统一，并符合国家相关的规范要求。

第三节 建筑装饰投资估算的内容

装饰投资估算主要是依据已收集到的资料和特定的计算方法来对建筑装饰项目的投资数额进行估算。

一、建筑装饰投资估算的作用

（1）建筑装饰投资估算是装饰项目工程在建设前期编制项目建议书以及可行性研究报告的重要组成部分，同时也是建筑装饰项目决策的主要依据之一。

（2）建筑装饰投资估算对于可行性研究工作的质量以及经济评价结果也有相当大的影响，且其编制结果的优劣也直接影响到下一阶段设计概算和施工图预算的编制，对于建筑装饰项目的资金筹措也有着直接的影响。

（3）建筑装饰工程项目建议书阶段的投资估算不仅能对项目工程的规划以及规模起到一定的参考作用，同时也是项目主管部门审批项目建议书的主要依据之一。

（4）建筑装饰项目可行性研究阶段的投资估算一经批准便具有不可变性，它不仅可作为研究、分析和计算项目投资经济效果的重要条件，同时也是做出项目投资决策的重要依据之一。

（5）建筑装饰项目投资估算要求设计概算不得超出投资估算额，这也表明了投资估算对建筑装饰工程概算起到的控制和监督作用。

（6）建设单位可依据建筑装饰项目投资估算向银行或金融机构申请贷款，同时也可以此为基础制定相对应的贷款计划。此外，建筑装饰项目投资估算对于核算建设项目固定资产投资需要额以及编制固定资产投资计划也有很大的帮助。

二、建筑装饰投资估算工作的内容

1. 明确委托单位并调整估算

建筑装饰工程投资估算一般交由工程造价咨询单位编制，包括编制整个项目的投资估算、单项工程投资估算、单位工程投资估算或分部分项工程投资估算（表5-5）。此外，建筑装饰工程投资估算的审核与调整也可交由相关的工程造价咨询单位。必须注意的是在正式审核之前，还需配合设计单位或决策单位进行设计方案比选、优化设计以及限额设计等方面的投资估算工作，并合理调整投资估算，控制好决策阶段的工程造价。

2. 选择合适的设计方案

工程造价人员应依据建筑装饰分部分项工程的主要技术经济指标来确定最优的设计方案，在估算之前应通过对不同技术方案进行技术经济分析，确定合理的设计方案。当设计方案确定后，相关工作人员即可依据有关技术经济资料对设计方案提出优化设计的建议与意见，以此来提高建筑装饰估算的经济性和合理性。

3. 审核

审核建筑装饰投资估算是必不可少的一步，审核工作除依据相关的设计文件外，还应依据政府部门发布的有关规定，建筑装饰项目工程投资估算指标以及工程造价信息等。

表5-5 工程投资估算表（示例）

项目工程：					单位：万元						
序号	工程项目或费用名称	费用说明	单位	数量	费用额	合计	需付款时间节点			占总投资比例/%	备注
一	工程费用										
1											
2											
3											
…											
二	配套费用										
1											
2											
…											
	估算总投资										
	大写人民币										

4. 合理分析，保证估算质量

审核部分采用限额设计的建筑装饰项目、单位工程或分部分项工程时，注册造价工程师应配合设计人员确定合理的建设标准，并进行相对应的投资分解与投资分析，以此确保限额的合理可行，保证建筑装饰投资估算的质量。

三、建筑装饰工程投资估算的费用构成与计算

1. 建筑装饰投资估算的费用构成

建筑装饰投资估算的费用构成具体可参考图5-5。此外，建筑装饰工程总投资的各项费用还可依据资产属性划分，可分别划分为固定资产、无形资产和其他资产。

2. 固定资产其他费用的计算

（1）建设管理费。建设管理费的计算方式及其注意事项详细介绍如下：

①建设管理费的计算可以建筑装饰投资中的工程费用为基数乘以建设管理费率计算，具体计算公式如下：

建设管理费 = 工程费用 × 建设管理费费率

②如果选用工程监理，则建设单位的部分管理工作量将转移至监理单位，此时的建设管理费则应当额外增加监理费，监理费的数额一般应依据委托的监理工作和监理深度在监理合同中商定，也可依据当地或所属行业部门的相关规定来计算。

③如果建筑装饰工程采用工程总承包的方式进行施工，则建设管理费应由建设单位与总承包单位依据总包工作范围在合同中商定，并从建设管理费中支出，需要注意的是一般改扩建项目的建设管理费率要比新建项目有所降低，且降低率应当控制在合理的范围值内。

（2）建设用地费。建设用地费的计算方式及其注意事项详细介绍如下：

①建筑装饰工程的施工需要征收部分土地，此时就需收取建设用地费，一般依据用地面积，并按照建筑装饰工程所在省（市、自治区）人民政府所制定颁发的土地征用补偿费，安置补助费标准和耕地占用税以及城镇土地使用税标准计算。

②建筑装饰工程施工时如果需要迁建建设用地上的建（构）筑物，那么在计算建设用地费时还需计算迁建补偿费和余物拆除清理费，迁建费应当按照迁建补偿协议计列或按新建同类工程造价计算，余物拆除清理费则应当在“场地准备及临时设施费”中计算。

③建筑装饰工程如果采用“长租短付”方式租

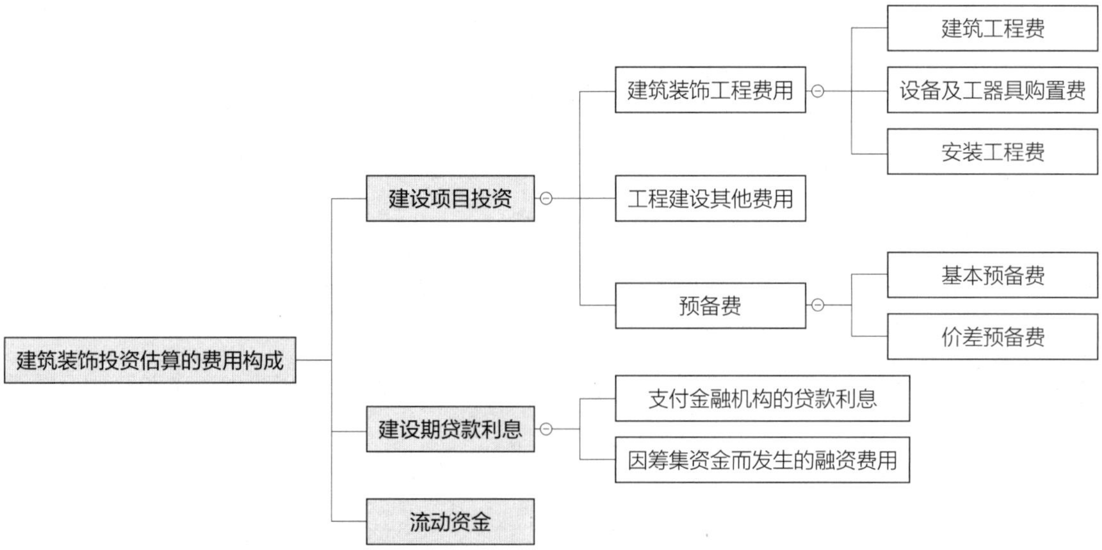

图5-5 建筑装饰投资估算的费用构成

用土地使用权，那么建设用地费的计算则应当计算在建设期间支付的租地费用，同时在生产经营期间支付的土地使用费也应当计入营运成本中核算。

（3）可行性研究费。计算建筑装饰工程的可行性研究费应根据前期研究委托的合同计列，也可以参照《国家计委印发关于<建设项目前期工作咨询收费暂行规定>的通知》（计投资（1999）1283号）规定计算。

（4）研究试验费。计算研究试验费时应参考研究试验的内容和相关要求，并确保参与研究试验的项目符合国家相关规定。

（5）勘察设计费。计算建筑装饰工程的勘察设计费首先应当参考现场勘查情况，同时还应根据勘察设计委托的合同计列，也可参照原国家升委、原建设部《关于发布（一J：程勘察设计收费管理规定）的通知》（计价格[2002]10号）规定计算。

（6）环境影响评价费。计算建筑装饰工程的环境影响评价费应当根据环境影响评价委托的合同计列，也可参考原国家计委、国家环境保护总局《关于规范环境影响咨询收费有关问题的通知》（计价格[2002]125号）规定计算。

（7）劳动安全卫生评价费。计算建筑装饰工程的劳动安全卫生评价费应当根据劳动安全卫生预评价委托的合同计列，也可按照建设项目所在省（市、自治区）劳动行政部门规定的标准计算。

（8）场地准备及临时设施费。需要注意的是新建设项目的场地准备和临时设施费要依据现场实际工程量估算，也可按照工程费用的比例计算，而改造扩建的项目则一般只计算计拆除清理费。具体计算公式如下。

场地准备和临时设施费 = 工程费用 × 费率 + 拆除清理费

此外，在建筑装饰工程施工过程中发生的拆除清理费一般应当按照新建同类工程造价或主材费、设备费的比例计算，而凡是可以回收材料的拆除工程，应当采用以料抵工的方式来冲抵拆除清理费。

（9）引进技术和引进设备其他费。该项费用包括引进项目图纸资料翻译复制费、出国人员费用、来华人员费用、银行担保及承诺费、单独引进软件费用以及引进设备材料的其他相关费用，费用的具体计算说明可参考表5-6。

（10）工程保险费。一般只有投保的建筑装饰工程才收取该项费用，并依据投保合同的不同产生不同的保险费用，需注意的是，该项费用不包括已经计入施工企业管理费中的施工管理用财产、车辆保险费。

表5-6　引进技术和引进设备其他费用计算说明表（示例）

费用名称	计算说明
引进项目图纸资料翻译复制费	一般根据引起项目的具体情况计列，并按引进货价的比例估列，当引进项目发生备品备件测绘费时，则应当按照具体情况估列计算
出国人员费用	可参考合同或协议规定的出国人次、期限以及相应的费用标准计算。其中，出国人员的生活费应当按照财政部、外交部规定的现行标准计算，差旅费则按照中国民航公布的票价计算
来华人员费用	可参考引进合同或协议有关条款及来华技术人员派遣计划进行计算。其中，来华人员接待费用可按每人次费用指标计算，需注意引进合同价款中已包括的费用内容不得重复计算
银行担保及承诺费	一般应按照担保或承诺协议来计算银行担保以及相关的承诺费，其中编制投资估算和概算时可以担保金额或承诺金额为基数乘以费率计算
单独引进软件费用	一般不计算关税，只计算增值税
引进设备材料的其他相关费用	主要包括国外运输费、国外运输保险费、关税、增值税、外贸手续费、银行财务费、国内运杂费以及引进设备材料国内检验费等，可按照引进货价计算

（11）联合试运转费。联合试运转费不应包括由设备安装工程费用开支的调试及试车费用，在试运转中暴露出来的因施工原因或设备缺陷等发生的处理费用也不应计入其中。计算该项费用时还需注意没有发生试运转或试运转收入大于（或等于）费用支出的工程，一般不计取此项费用。此外，当联合试运转收入小于试运转支出时，计算方式也会有所变化，具体计算公式如下：

联合试运转费＝联合试运转费用支出－联合试运转收入

（12）特殊设备安全监督检验费。一般应按照建设项目所在省、市、自治区安全监察部门的规定标准计算。

（13）市政公用设施费。一般应按照建筑装饰工程所在地人民政府颁布的相关规定标准计算。

3. 无形资产费用计算方法

无形资产费用主要是指专利以及专有技术使用费，具体的计算方法如下所示：

①无形资产费用的计算应当符合专利使用许可协议和专有技术使用合同的相关规定，并以此为依据计列。

②一般在建筑装饰项目工程投资中只需要计算在建设期间支付的专利以及专有技术使用费，专利使用许可协议或合同规定在生产期支付的使用费应该在生产成本中进行核算。

③建筑装饰工程中一次性支付的商标权、商誉以及特许经营权费应当按照相关协议或合同规定计列，且相关协议或合同规定应当在生产期支付的商标权或特许经营权费则需在生产成本中进行核算。

④计算无形资产费用还需注意为建筑装饰工程配备的专用设施投资应当充作无形资产处理，其中专用设施投资主要包括专用铁路线、专用公路、专用通信设施、变送电站、地下管道以及专用码头等。

4. 其他资产费用（递延资产）计算方法

其他资产费用（递延资产）一般指建筑装饰工程生产准备及开办费，具体的计算方法如下所示。

①以设计定员为基数计算。当建筑装饰工程的改扩建项目以新增设计定员为基数计算时，其计算公式如下所示：

生产准备费＝设计定员×生产准备费指标（元/人）

②其他资产费用的计算既可采用综合的生产准备费指标进行计算，也可按照资产费用内容的分类指标来进行具体的计算。

第四节 编制建筑装饰投资估算

编制建筑装饰项目投资估算，首先要明确主体建筑设计的阶段和深度，并能够结合行业的特点，在满足国家及地区相关规定的前提条件下依据建筑装饰项目投资估算的相关造价基础资料，采用合适的估算方法进行建筑装饰项目估算的具体编制工作。

一、建筑装饰工程投资估算文件的组成

建筑装饰工程投资估算文件主要由封面、签署页、编制说明、投资估算分析、投资估算汇总表、单项工程投资估算汇总表以及主要技术经济指标等内容组成（图5-6、图5-7）。

图5-6　投资估算编制说明

补充要点

联合试运转费的试运行期

联合试运转费的试运行期应当在引进国外设备项目建设合同中规定的试运行期执行，个别行业的建设项目试运行期需要超过规定试运行期的，应报项目设计文件审批机关批准，且一经确定后不可随意更改。

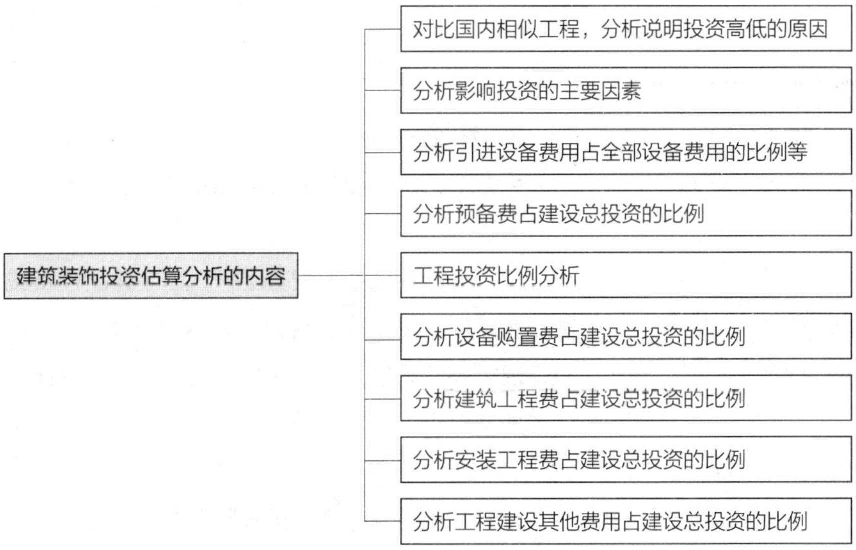

图5-7　建筑装饰投资估算分析的内容

二、建筑装饰工程投资估算的编制依据

具体编制依据如下：

（1）建筑装饰项目工程的设计特征、设计文件以及相应的工程造价计价依据或资料等。

（2）国家、行业和地方政府颁布的、现行的相关规定以及委托人提供的其他技术经济资料。

（3）建筑装饰工程现场勘察与设计文件，图示计量或有关专业提供的主要工程量和主要设备清单。

（4）类似工程的各种技术经济指标和参数以及与建筑装饰项目工程相关的工程地质资料、设计文件以及设计图纸等。

（5）相关行业部门、项目所在地工程造价管理机构或行业协会等编制的投资估算指标、概算指标（定额）、工程建设其他费用定额（规定）、综合单价、价格指数和有关造价文件等资料。

（6）建筑装饰工程所在地的同期的工、料、机市场价格，建筑、工艺及附属设备的市场价格和相关费用。

（7）政府相关部门以及金融机构等部门发布的关于投资估算的价格指数、利率、汇率以及税率等有关参数。

补充要点

研究试验费不包含的项目

1. 不包含新产品试制费、中间试验费和重要科学研究补助费。
2. 不包含在建筑安装费用中列项的关于施工企业对建筑材料、构件和建筑物进行一般鉴定、检查所发生的费用及技术革新的研究试验费。
3. 不包含建筑装饰工程的勘察设计费以及工程费用中额外开支的项目。

三、项目建议书阶段的投资估算

项目建议书阶段的投资估算多会编制总投资估算，主要可选用生产能力指数法、系数估算法、比例估算法、混合法（生产能力指数法与比例估算法、系数估算法与比例估算法等综合使用）及指标估算法等进行具体计算。

1. 生产能力指数法

生产能力指数法一般依据已经施工完成的类似的建筑装饰项目工程的生产能力和投资额，来进行粗略估算，以便拟建建设项目相关投资额的方法，其计算公式如下所示：

$$C=C_1(Q\div Q_1)^x\times f$$

公式中代码具体释义见表5-7。

表5-7　生产能力指数法代码释义表

代码	代码释义
C	拟建建筑装饰项目工程的投资额
C_1	已建成类似建筑装饰项目工程的投资额
Q	拟建建筑装饰项目工程的生产能力
Q_1	已建成类似建筑装饰项目工程的生产能力
x	生产能力指数（$0\leqslant x\leqslant 1$）
f	因不同的建设时期、建设地点产生的定额水平、设备购置和建筑安装材料价格、费用变更和调整等综合调整系数

2. 系数估算法

系数估算法主要是通过以已知的拟建建筑装饰项目工程的主体工程费或主要生产工艺设备费为基数，再以其他辅助费或配套工程费占主体工程费或主要生产工艺设备费的百分比为系数，而进行估算拟建建筑装饰项目工程相关投资额的方法，其计算公式如下所示。

$$C=E(1+f_1P_1+f_2P_2+f_3P_3+\cdots)+I$$

公式中代码具体释义见表5-8。

表5-8　　系数估算法代码释义表

代码	代码释义
C	拟建建筑装饰项目工程的投资额
E	拟建建筑装饰项目工程的主体工程费或主要生产工艺设备费
P_1、P_2、P_3	已建成类似建筑装饰项目工程的辅助或配套工程费占主体工程费或主要生产工艺设备费的比重
f_1、f_2、f_3	因建设时间、地点不同而产生的定额水平、建筑安装材料价格、费用变更和调整等综合调整系数
I	根据具体情况计算的拟建建筑装饰项目工程的各项其他基本建设费用

3. 比例估算法

比例估算法主要是通过已知的同类型建筑装饰项目工程的主要生产工艺设备投资占整个建筑装饰项目工程的投资比例，先逐项估算出拟建建筑装饰项目工程主要生产工艺设备投资，再按比例进行估算拟建建筑装饰项目工程相关投资额的方法。

4. 混合估算法

混合估算法主要是通过了解主体专业设计的阶段和深度，以及投资估算编制者所掌握的国家及地区、行业或部门相关的投资估算基础资料和数据（包括造价咨询机构自身统计和积累的相关造价基础资料），并以此为基础对一个拟建建筑装饰项目工程采用生产能力指数法与比例估算法或系数估算法与比例估算法混合估算其相关投资额的方法。

5. 指标估算法

指标估算法主要是通过将拟建的建筑装饰项目工程以单项工程或单位工程，按建设内容纵向划分为各个主要生产设施、辅助及公用设施、行政及福利设施以及各项其他基本建设费用，同时按照费用性质横向划分为建筑工程、设备购置、安装工程等，根据各种具体的投资估算指标，进行各单位工程或单项工程投资的估算，并在此基础上汇集编制成拟建建筑装饰项目工程的各个单项工程费用和拟建建筑装饰项目工程的工程费用投资估算，再按相关规定估算建筑装饰项目工程建设其他费用、预备费、建设期贷款利息等，形成拟建建筑装饰项目工程的总投资估算。

四、可行性研究阶段的投资估算

（1）可行性研究阶段的建筑装饰项目工程投资估算一般会采用指标估算法，且对于投资有重大影响的主体建筑工程，应当先估算出分部分项工程量，再参考相关的综合定额（概算指标）或概算定额来编制主要单项工程的投资估算。

（2）可行性研究的投资估算应当符合国家现行的相关规定，其估算深度不仅应满足建筑装饰项目工程的可行性研究与评估要求，还需满足国家和地方相关部门批复或备案的要求。此外，针对子项单一的大型民用公共建筑，在编制投资估算时也应细化至单位工程估算书。

五、建筑装饰工程投资估算审核

审核投资估算能够有效地控制建筑装饰工程造价，同时也能保证投资估算的完整性和准确性，具体审核可从以下几个方面出发。

（1）审核并分析建筑装饰工程投资估算编制依据的时效性、准确性及实用性，以便能更好地保证建筑装饰工程投资估算的质量。

（2）审核并分析建筑装饰工程投资估算方法的科学性与适用性，以及编制内容与拟建建筑装饰项目工程规划要求的一致性。

（3）审核并分析建筑装饰工程投资估算的相关取费项目以及取费数额的真实性，具体审核内容见图5-8。

六、建筑装饰工程投资估算步骤

（1）依据资料和现场情况分别估算各单项建筑装饰工程所需的建筑工程费、设备及工器具购置费以及安装工程费。

（2）将已估算好的各单项建筑装饰工程的相关费用汇总，并在此基础上估算建筑装饰工程建设其他费用和基本的预备费。

（3）依据实际情况估算建筑装饰工程的价差预备费。

（4）依据实际情况估算建筑装饰工程建设期间的利息。

（5）依据实际情况估算建筑装饰工程的流动资金。

（6）将之前所估算的数据汇总，并得出建筑装饰工程的总投资估算。

图5-8　审核建筑装饰投资估算的取费项目与取费数额的真实性

案例二维码

第五节 实例分析：机电厂房建筑装饰工程估算（扫码下载案例）

本章小结

软装估算和硬装估算都是为了更好和更细致的进行建筑装饰工程的估算工作，且虽然建设装饰工程投资估算能选用的方法较多，但在编制时都应将所采用的估算系数和估算指标价格以及费用水平调整至建筑装饰工程建设所在地及投资估算编制年的实际水平，并遵循口径一致的原则，以保证建筑装饰工程估算的质量。

课后练习

1. 软装陈设包括哪些元素？
2. 楼地面工程量如何计算？
3. 如何计算门窗工程量？
4. 材料用料一般应遵循何种计算方式？
5. 建筑装饰投资估算的作用有哪些？
6. 建筑装饰投资估算的工作内容有哪些？
7. 如何计算建筑装饰投资估算的相关费用？
8. 建筑装饰投资估算文件包括哪些内容？
9. 建筑装饰投资估算分哪些阶段？具有哪些估算方式？
10. 如何审核建筑装饰工程投资估算？

第六章

建筑装饰工程预算定额与费用

案例图纸

PPT 课件

» 学习难度：★★★★★

» 重点概念：取费、计算、定额、预算

» 章节导读：建筑装饰工程预算定额的重要组成部分之一是预算定额，预算定额是完成规定计量单位的分项工程计价的人工、材料和机械台班消耗量的标准。本章是让读者能够掌握利用定额进行建筑装饰工程的预算方法，同时掌握建筑装饰工程费用的构成。

第一节 定额的基本知识

一、定额的由来及发展历史

1. 历史上的闪现

唐朝时期，有人就曾编著过一本《大唐六典》。北宋时期，丁渭修复皇宫工程中采用的挖沟取土，以沟运料，废料填沟的办法，所取得的“一举三得”的效果，可谓古代工程管理的范例。著名的古代土木建筑家北宋李诫编著的《营造法式》，成书于公元1100年，它不仅是土木的巨著，也是工料计算方面的巨著；清代，清工部《工程做法则例》是一部算工算料的书；梁思成先生在《清式营造则例》一书中明确肯定清代计算工程工料消耗的方法和工程费用的方法，他根据所搜集到的秘传抄本编著的《营造算例》中，反映有“在标列尺寸方面的确是一部原则的书，在权衡比例上则有计算的程式……其主要目的在算料”。所有这些，只能说明我国有这些方面积累的经验和资料。它没有上升到理论高度，以相关理论做指导。

从19世纪初期，资本主义国家在建设中开始推行招标承包制，形势要求工料测量师在工程设计以后和开工以前就进行测量和估价，根据图纸算出实物工程量并汇编成工程量清单，为招标者确定标底，工程造价管理逐渐形成独立的专业。

2. 定额的产生

19世纪末20世纪初，美国的资本主义发展正处于上升时期，工业发展速度很快，但在管理上仍采用传统的方法，凭经验来管理，所以，劳动生产率低下，生产能力得不到充分的发挥，在企业管理和社会生产发展上产生了矛盾，从而阻碍了社会经济的进一步发展和繁荣。在这种背景下，当时美国有个叫弗雷德里克·温斯洛·泰勒的工程师，开始研究企业管理，以解决如何提高劳动生产率的问题。他通过多年的潜心研究，形成了系统的企业科学管理方法，并成功地运用于生产实践，他的企业科学管理方法被称为“泰勒制”，他本人也被称为“管理之父”。

为了提高工人的劳动效率，泰勒突破了当时传统管理方法的束缚，提倡科学管理，从工人的操作上研究工时的科学利用。他把工人的工作时间分成若干组成部分，并利用马表对工人完成各组成部分所需要的时间加以测定，制定出工时消耗数量标准，作为衡量工人工作的尺度。

同时，泰勒还通过对工人进行训练，将工人劳动中的机械动作逐一合理分析，剔除那些多余动作，即要求工人改变原来的习惯操作方式，取消那些无谓的操作程序，制定出最能节约工作时间的所谓标准操作法。这样，不仅制定出工人工时消耗的数量标准，而且把制定的工时消耗数量标准建立在合理操作的基础上，大大提高了劳动生产率。在此基础上，泰勒制定出了工人的日工作量标准，以衡量劳动效率，这个标准就是最初的工时定额。由此可见，工时定额产生于科学管理，同时为以后扩大定额的制定范围奠定了基础。

继泰勒之后，管理科学又有许多新的发展，对于定额的制定也有了许多新的研究。1945年出现的事前工时定额制定标准则别具特色，它的操作思路是在新工艺投产之前选择最好的工艺设计和最有效的操作方法，以改进原有的作业方法，提高操作技术，达到控制和降低单位产品上工时消耗的目的；行为科学的产生，弥补了泰勒等人在科学管理上的某些不足，行为科学认为，工人是社会人，不是单纯追求金钱的经济人，它从社会学、心理学的角度来研究管理，强调重视社会环境人的相互关系对提高工效的影响。

补充要点

定额的特点

1. 具有科学依据。定额能根据劳动情况、技术水平，对各工序进行分解，分别测定每一工序的各种资源消耗数量，然后在反复观测、整理、分析对比的基础上才能最后确定。定额通过科学的测定、分析、计算，是经过仔细测定出来的，它符合生产消费的客观规律。

2. 具有法规制度。定额是工程建设规划、组织、调节、控制的尺度，具有其严肃性。凡经国家建设管理部门或授权机关颁发的定额，都具有法规性的制度，不能私自修改和滥用。

3. 具有生产基础。广大从业生产者是测定、编制定额的参加者，定额的水平高低与取舍主要取决于从业生产者的生产能力和创造水平，定额中的劳动消耗数量标准，是按照平均先进水平，即一般劳动量制定的，是广大从业生产者经过努力能够实现的指标。

4. 相对稳定性。定额水平是与社会生产力发展水平相适应的，当定额执行一段时间后，随着新设备、新工艺、新材料的不断涌现，原有定额就会逐渐不适应生产力发展水平，而成为落后、陈旧的定额，这时就应重新编制、修订定额。但重新修订定额的时间不宜过长，也不宜过于频繁，否则会因定额的执行时间太短而失去定额的稳定性。

二、我国定额的发展历史（图6-1）

我国定额发展历史

1958 年	概预算定额和定额管理权也全部下放，原有定额逐渐废止
1961 年	“调整、巩固、充实，提高”时期，概预算管理和定额管理有了一定的恢复
1966 年	定额的管理制度遭到了严重削弱，结果造成基本建设人力、物力资金的严重浪费，投资效益下降
1971 年	国家建委颁发了《关于加强设计管理工作的几点意见》
1972 年	国务院批转了两委一部，强调了设计必须有概算，施工必须有预算
1973 年	国家建委制订了《关于基本建设概算管理办法》，恢复了概预算制度
1976 年	工程建设定额管理得到了迅速恢复和进一步发展
1979 年	国家建委颁发了《通用设备安装工程预算定额》9 册
1981 年	国家建委印发了《建筑工程预算定额》
1982 年	国家建委颁发了交通部主编的《公路工程预算定额》和《公路工程概算定额》
1983 年	成立了基本建设标准定额局，负责组织制定工程建设概预算定额，费用标准及工作制度
1988 年	划归建设部，成立了标准定额司

图6-1 我国定额发展历史大事件一览

新中国成立以来，我国在国民经济各部门广泛地制定和使用各种定额，它们在我国的社会主义建设事业中发挥了应有的作用，工程建设定额就是其中的一个种类，同样，它也为控制和确定建设工程造价、提高和加强建筑安装企业的经营管理水平发挥了重要的作用。

1949年新中国成立初期，全国面临着迅速恢复国民经济，基本建设规模不断扩大，为了合理确定工程造价，有效控制建设投资，有关部门在总结恢复时期经验的基础上，引进了苏联的一套概预算定额管理制度，并迅速形成了我国基本建设概预算制度，在这个时期，由国家计委和国家建委先后制定颁发了众多文件。

第二节　工程定额的基础

一、建筑装饰工程定额的分类（图6-2）

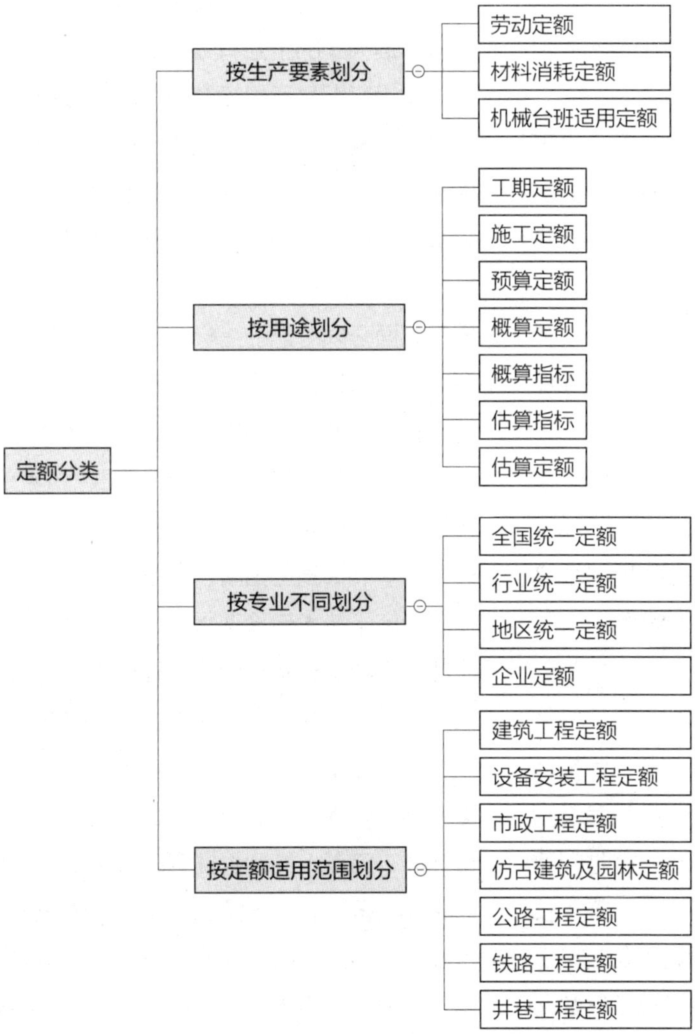

图6-2　建筑装饰工程定额的分类

1. 按生产要素划分

（1）劳动定额。是指在正常施工条件下，完成单位合格产品所规定的必要劳动消耗数量标准。劳动定额具有两种表现形式；一为时间定额；一为产量定额。

①时间定额。即某种专业、某种技术等级的工人在合理劳动组织与合理使用材料的条件下，完成单位合格产品所必需的工作时间，包括基本生产时间、辅助生产时间、准备与结束时间、不可避免的中断时间和工人必需的休息时间等。

②产量定额。即在合理劳动组织与合理使用材料的条件下，某种专业、某种技术等级的工人在单位工日中应完成的合格产品的数量。为了方便综合与核算，劳动定额大多采用工作时间消耗量来计算劳动消耗的数量，所以，劳动定额的主要表现形式是时间定额。工日是时间定额的单位，每一工日按8小时计算。

（2）材料消耗定额。是指在正常施工条件下完成单位合格产品所规定的各种材料、成品、半成品和构配件消耗的数量标准。由于材料费在装饰工程造价中所占比例非常大，所以，材料消耗量的多少，对产品价格和工程成本有直接的影响。材料消耗定额，在很大程度上可以影响材料的合理使用和调配。在产品材料质量和生产数量一定的情况下，材料的供应计划和需求都会受材料定额的影响。重视和加强材料定额管理，制定合理的材料消耗定额，是组织材料的正常供应，保证生产顺利地进行，以及合理利用资源，减少积压、浪费的必要前提。

（3）机械台班适用定额。指在正常施工条件下，合理地组织劳动与使用机械而完成单位合格产品所规定的施工机械消耗的数量标准。机械台班定额同样有两种形式：一为产量定额；一为时间定额。机械时间定额是指完成单位合格产品，施工机械所必需消耗的时间；机械产量定额是指在台班工作时间内，由每个机械台班和小组成员总工日数所完成的合格产品数量。一般，机械台班定额的表现形式是机械时间定额，时间定额以台班为单位，每一台班按8小时计算。机械台班定额是施工机械生产率的具体反映，高质量的施工机械台班定额，是合理组织机械化施工、有效利用施工机械和进一步提高机械生产率的必备条件。

2. 按用途划分

（1）工期定额。是为各类工程规定的施工期限的定额天数。其中包括建设工期定额和施工工期定额两个层次。建设工期是指建设项目或独立的单项工程在建设过程中所耗用的时间总量，即从开工建设时起至全部建成投产或交付使用为止所经历的时间。但不包括由于计划调整而停、缓建所延误的时间。施工工期一般是指单位工程或单项工程从正式开工起至完成承包工程全部设计内容并达到国家验收标准为止的全部有效天数。

建设工期是评价投资效果的重要指标，直接标志着建设速度的快慢。缩短工期，提前投产，不仅能节约投资，也能更快地发挥效益，创造出更多的财富。工期对于施工企业来说，也是在履行承包合同、安排施工计划、减少成本开支以及提高经营成果等方面必须考虑的指标。但是，各类工程所需工期有一个合理的界限，在一定的条件下，工期长短也是有规律性的。如果违背这个规律就会造成质量问题和经济效益降低。关键是需要一个合理工期和评价工期的标准。在工期定额中已经考虑了地区性特点、季节性施工因素、工程结构和规模、工程用途以及施工技术与管理水平等因素对工期的影响。因此，工期定额是评价工程建设速度、编制施工计划、签订承包合同以及评价全优工程的可靠依据。

（2）预算定额。是规定一定计量单位的工程基本构造要素上，材料、人工和机械台班消耗的数量标准，它是一种计价性定额，主要用于施工图设计完成后编制施工图预算。在工程委托承包时，它是确定工程直接费的主要依据，在工程招投标时，它是编制标底和确定投标报价的主要依据。应该说，预算定额在所有计价定额中占有很重要的位置，从编制程序上来看，预算定额是概算定额和估算指标的编制基础。

（3）概算定额。是在预算定额的基础上，以主要工序为准，结合相关工序，并加以综合扩大编制而成的；是规定一定计量单位的、综合了相关工序的主要分项工程上，材料、人工和机械台班消耗的数量标准，主要用于初步设计或扩大初步设计完成后编制设计概算，是控制建设项目投资的主要依据。概算定额的编制基础是预算定额，但又比预算定额综合扩大，它的定额项目划分原则是与初步设计的深度相适应的。

（4）估算指标。是比概算定额更加综合扩大了人工、材料和机械台班的消耗定额指标，具有较大的概括性，宽裕度误差范围较大，属参考性经济指标，主要用于在项目建议书阶段可行性研究和编制设计任务书阶段编制投资估算。估算指标往往以独立的单项工程或完整的工程项目为计算对象，它的表现形式通常是以建筑面积、建筑体积、自然量和物理量等为计量单位，列出造价指标及人工、材料和机械台班的需用量。估算指标是项目决策和投资控制的重要依据。

3. 按定额适用范围划分

（1）全国统一定额。是由国家建设行政主管部门，综合全国工程建设中技术和施工组织管理的情况编制，并在全国范围内执行的定额。全国统一定额反映的是一定时期内我国社会生产力水平的一般情况，是各省、自治区、直辖市编制各地单位估价表的依据。

（2）行业统一定额。是考虑到各行业部门专业工程技术特点以及施工生产和管理水平编制的。一般只在本行业和相同专业性质的范围内使用的专业定额。

（3）地区统一定额。是各省、自治区、直辖市考虑地区特点并结合全国统一定额水平适当调整补充而编制、在规定的地区范围内使用的定额。各地的气候条件、经济技术条件、物质资源条件和交通运输条件等，都是编制地区统一定额的重要依据。

（4）企业定额。是承包商考虑到本企业的具体情况，参照国家、部门或地区定额水平制定的定额。企业定额只在企业内部使用，是企业素质的一个标志。企业定额水平一般应高于国家现行定额，这样才能满足生产技术的发展、企业管理和市场竞争的需要。

二、建筑装饰工程预算定额的作用

1. 建筑装饰工程预算定额是编制施工图预算造价的基础

建筑装饰工程的造价，是通过编制建筑装饰施工图预算的方法来实现的。在施工图设计阶段，施工项目可以根据施工设计图样、预算定额及当地的取费标准，准确地编制出工程施工图预算。

2. 建筑装饰工程预算定额是确定招标标底和投标报价的基础

在市场价格机制运行中，工程招标标底的编制和投标报价，都要以工程预算定额为基础，它控制着劳动消耗和工程价格水平。

3. 建筑装饰工程预算定额是对建筑装饰工程设计进行经济比较的依据

建筑装饰设计在建筑设计中占有越来越重要的地位。建筑装饰设计在注重装饰美观、舒适、安全和方便的同时，也要符合经济合理的要求。通过定额对装饰工程项目设计方案进行经济分析和比较，是选择经济合理的设计方案的重要依据。

对设计方案的比较，主要是针对不同的装饰设计方案的人工、材料和机械台班的消耗量、材料重量等进行比较，通过分析比较才有可能把握不同的设计方案中人工、材料、机械等消耗量对装饰造价的影响，材料质量对建筑基础工程的影响等。而对于新材料、新工艺在装饰工程中的应用，也要借助于工程定额进行技术经济分析和比较。因此，依据工程定额对装饰设计方案进行技术经济对比，从经济角度考虑装饰设计效果是否最佳和经济合理，是优化选择装饰设计方案的最佳途径。

4. 建筑装饰工程预算定额是编制施工组织设计方案的依据

建筑装饰工程要进行施工必须编制施工组织设计方案，确定拟施工的工程所采用的施工方法和相应的技术措施，确定现场平面布置和施工进度安排，确定人工、机械、材料、水电资源的需要量及物料运输方案，才能保证装饰工程施工得以顺利进行。

根据建筑装饰工程定额规定各种消耗量指标，才能比较精确地计算出拟装饰部位所需要的人工、材料、机械、水电资源的需要量，确定出相应的施工方法和技术组织措施，为拟施工的建筑装饰工程有计划地组织材料供应，平衡劳动力与机械调配，安排合理的装饰施工进度等。

5. 建筑装饰工程预算定额是工程结算和签订施工合同的依据

工程结算是建设单位（发包方）和施工单位（承包方）按照工程进度对已完工程实行货币支付的行为，是商品交换中结算的一种形式。装饰工程的工期一般都较长，不可能都采用竣工后一次性结算的方法，通常采用分期付款的方式结算，以解决施工企业资金短缺的问题。采用分期付款的依据一般根据完成施工项目的分项工程量来确定，而采用已完分部工程量进行结算时，必须以装饰工程定额为依据计算应结算的工程价款。在具备地区单位估价表的条件下，虽然可以直接利用预算单价进行结算，但预算单价的计算基础仍然是预算定额。

此外，装饰工程承包双方，在商品交易中按照法定程序签订装饰工程施工合同时，为明确双方的权利与义务，合同条款的主要内容、结算方式和当事人的法律行为，也必须以装饰定额的有关规定，作为合同执行的依据。

6. 建筑装饰工程预算定额是装饰企业进行成本分析的依据

在市场经济体制中，建筑装饰产品价格的形成是以市场为导向的。加强企业经济核算，进行成本分析、成本控制和成本管理，是作为独立的经济实体的企业自主定价、自负盈亏的重要前提。因此，企业必须按照建筑装饰工程预算定额所提供的各种人工、材料和机械台班等的消耗量指标，结合当前的市场现状，来确定工程项目的社会平均成本及生产价格，并结合本企业装饰成本的现状，做出比较客观的分析，找出企业中活劳动与物化劳动的薄弱环节及其原因，以便于将预算成本与实际成本进行比较、分析，从而改进施工管理，提高劳动生产率、降低成本消耗，在日趋激烈的市场价格竞争中企业才能具有较大的竞争优势和较强的应变能力，以最少的耗费取得最佳的经济效益。

三、建筑装饰工程预算定额的应用

建筑装饰工程预算定额是确定建筑装饰工程预算造价，办理工程价款，处理承发包工程经济关系的主要依据之一。定额应用得正确与否，直接影响建筑装饰工程造价。因此，预算工作人员必须熟练并准确地使用预算定额。

1. 套用定额应注意问题

（1）查阅定额前，首先必须认真阅读定额总说明，分部工程说明和有关附注内容；熟悉和掌握定额的适用范围，定额已考虑和未考虑的因素及有关规定。

（2）要明确定额中的用语和符号的含义。

（3）要正确地熟记和理解建筑面积计算规则和各个分部工程量计算规则中指出的计算方法，以便在熟悉施工图的基础上，能够准确迅速地计算各分项工程（或配件、设备）的工程量。

（4）要了解和记忆常用分项工程定额所包括的工作内容，材料、人工、施工机械台班消耗数量和计量单位，和相关附注的规定，实现正确地套用定额项目。

（5）要清楚定额换算范围，正确应用定额附录资料，熟练地进行定额项目的换算和调整。

2. 定额项目的选套方法

（1）预算定额的直接套用。当施工图设计的工程项目内容与所选套的相应定额内容相同时，则必须按定额的规定，直接套用定额。当施工图设计的工程项目内容与所选套的相应定额项目规定内容不一致时，而定额规定又不允许调整或换算，此时也必须直接套用相应定额项目，不得随意换算或调整。直接套用定额项目的方法步骤如下：

①根据施工图设计的工程项目内容，从定额目录中查出该工程项目所在定额中的页数及其部位。

②判断施工图设计的工程项目内容与定额规定的内容是否一致。当完全一致或虽然不一致，但定额规定不允许换算或调整时，即可直接套用定额基价。但在套用定额基价前，必须注意分项工程的名称、规格、计量单位要与定额规定相一致。

③将定额编号和定额基价，其中包括材料费、人工费和机械使用费，分别填入建筑装饰工程预算表内。

④确定工程项目预算价值。其计算公式如下所示：

工程项目预算价值 = 工程项目工程量 × 相应定额基价

（2）套用换算后的定额项目施工图设计的工程项目内容，与选套的相应定额项目规定的内容不一致时，如果定额规定允许换算或调整时，则应在定额规定范围内调整或换算，套用换算后的定额项目。对换算后的定额项目编号应加括号，并在括号右下角注明“换”字，以示区别。

（3）套用补充定额项目施工图中的某些工程项目，由于采用了新结构、新材料、新构造和新工艺等原因，在编制预算定额时尚未列入。在这种情况下，为了确定建筑装饰工程预算造价，必须编制补充定额项目，报请工程造价管理部门审批后执行。套用补充定额项目时，应在定额编号的分部工程序号后注明“补”字，以示区别。

3. 定额编号

为了方便查阅、核对和审查定额项目选套是否准确合理，提高建筑装饰工程施工图预算的编制质量，在编制建筑装饰工程施工图预算时，必须填写定额编号。定额编号的方法，通常有下列两种。

①“二符号”编号法：用定额中“分部工程序号（或子项目所在定额页数）—子项目序号”两个号码，进行定额编号，其具体形式为如下所示：

分部—子项目

子项目所在定额页数—子项目

②“三符号”编号法：预算定额中的分部工程序号—分项工程序号（或子项目所在定额页数）—分项工程的子项目序号，等三个号码，进行定额编号。其具体形式为如下所示：

分部—分项—子项目

分部—子项目所在定额页数—子项目

四、预算定额的组成

1. 预算定额的组成

预算定额一般以单位工程为对象编制，按分部工程分章，在发布了全国统一基础定额后，分章应与基础定额一致。章以下为节，节以下为定额子目，每一个定额子目代表一个与之对应的分项工程，所以分项工程是构成预算定额的最小单元。

建筑装饰工程预算定额规定单位工程量的装饰工程预算单价和单位工程量的装饰工程中的人工、材料、机械台班的消耗量和价格数量标准，而为了方便使用，建筑装饰工程预算定额还给每一个子目录赋予定额编号。

2. 定额手册

在定额的实际应用中，为了使用方便，通常将定额与单位估价表合为一体，汇编成一册或一套，它既有定额的内容，又有单位估价表的内容，还有工程量计算规则、附录和相关的资料，如材料库，因此称其为“预算定额手册”。

3. 预算定额手册的组成内容

完整的预算定额手册，一般由目录、总说明、建筑面积计算规则、各分章内容及附录等组成。各分章内容又包括分章说明、分章工程量计算规则、分部分项工程定额及单位估价表。具体组成内容包括以下几个方面（图6-3）。

- 预算定额手册组成内容
  - 定额总说明
    - ① 预算定额的适用范围、指导思想及目的、作用
    - ② 预算定额的编制原则、主要依据及上级下达的有关定额汇编文件精神
    - ③ 使用本定额必须遵守的规则及本定额的适用范围
    - ④ 定额所采用的材料规格、材质标准、允许换算的原则
    - ⑤ 子主题定额在编制过程中已经考虑的和没有考虑的要素及未包括的内容
    - ⑥ 各分部工程定额的共性问题和有关统一规定及使用方法
  - 分部工程及其说明
    - ① 说明分部工程所包括的定额项目内容和子目数量
    - ② 分部工程各定额项目工程量的计算方法
    - ③ 分部工程定额内综合的内容及允许换算和不得换算的界限及特殊规定
    - ④ 使用本分部工程允许增减系数范围的规定
  - 定额项目表
    - ① 分项工程定额编号（子项目号）
    - ② 分项工程定额项目名称
    - ③ 预算定额基价，包括人工费、材料费、机械费、综合费、利润 、劳动保险费、规费和税金
    - ④ 人工费包括综合工和其他人工费。综合工包括工种和数量及工资等级（平均等级）
    - ⑤ 材料栏内一般列出主要材料和周转使用材料名称及消耗数量。 次要材料一般都以其他材料形式用金额“元”表示
    - ⑥ 施工机械栏内要列出主要机械名称和数量，次要机械以其他机械费形式用金额“元”表示
    - ⑦ 预算定额的基价明确了某一装饰工程项目人工、材料、机械台班单位工程消耗量后，根据当地的人工日工资标准、材料预算价格和机械台班单价，分别计算出定额人工费、材料费、机械费及其他费用，其总和即预算定额的基价
    - ⑧ 有的定额表下面还列有与本章节定额有关的说明和附注。说明设计与本定额规定如不符合时如何进行调整，以及说明其他应明确的、但在定额总说明和分部说明中不包括的问题
  - 定额附录或附表
    - ① 各种砂浆的配合比
    - ② 各种建筑装饰材料的预算价格表
    - ③ 定额材料成品、半成品损耗率表
    - ④ 定额人工、材料、机械台班预算价格取定表

图6-3 定额手册组成内容

第三节　定额项目的换算

在确定某一装饰工程项目单位预算价值时，如果装饰施工图设计的工程项目内容与所套用相应定额项目内容的要求不完全一致，并且定额规定允许换算，则应按定额规定的换算范围、内容和方法进行定额换算。定额项目的换算，就是将定额项目规定的内容与设计要求的内容取得一致的过程。

根据各专业部门或省、市、自治区现行的建筑装饰工程预算定额中的总说明、分部工程说明和定额项目表及附注内容中的规定，对于某些工程项目的工程量、定额基价（或其中的人工费）、材料品种、规格和数量增减、装饰砂浆配合比的不同，对使用机械、脚手架，垂直运输原定额需要增加系数等方面，均允许进行换算或调整。

一、材料价格换算法

当装饰工程的主要材料的市场价格，与相应定额预算价格不同而引起定额基价的变化时必须进行换算。材料价格换算的方法步骤如图6-4所示。

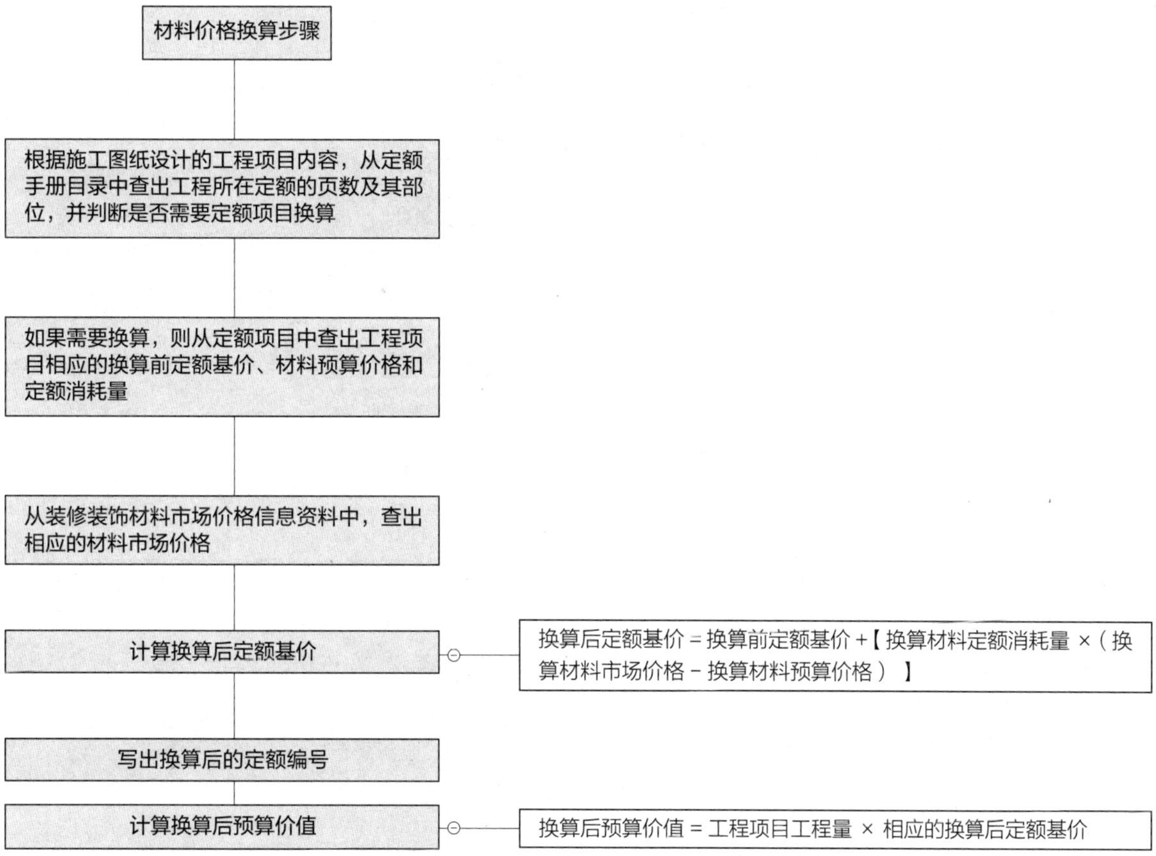

图6-4　材料价格换算的方法步骤

补充要点

定额换算的原则

定额换算是使定额内容与施工图一致的过程，实质是对定额中原列的人工、材料、机械台班进行调整，从而改变原项目的预算价格，使原项目的预算价格、工料、机械台班符合实际情况。工程预算定额的换算，必须同时满足以下三个原则：其一是设计和施工要求与定额内容不符；其二是定额允许换算；其三是要按照规定的方法进行换算。这三项是必要条件，缺一不可。

二、材料用量换算法

当施工图设计的工程项目主要材料用量，与定额规定的主要材料消耗量不同而引起定额基价的变化时，必须进行定额换算。材料用量换算的方法步骤如图6-5所示。

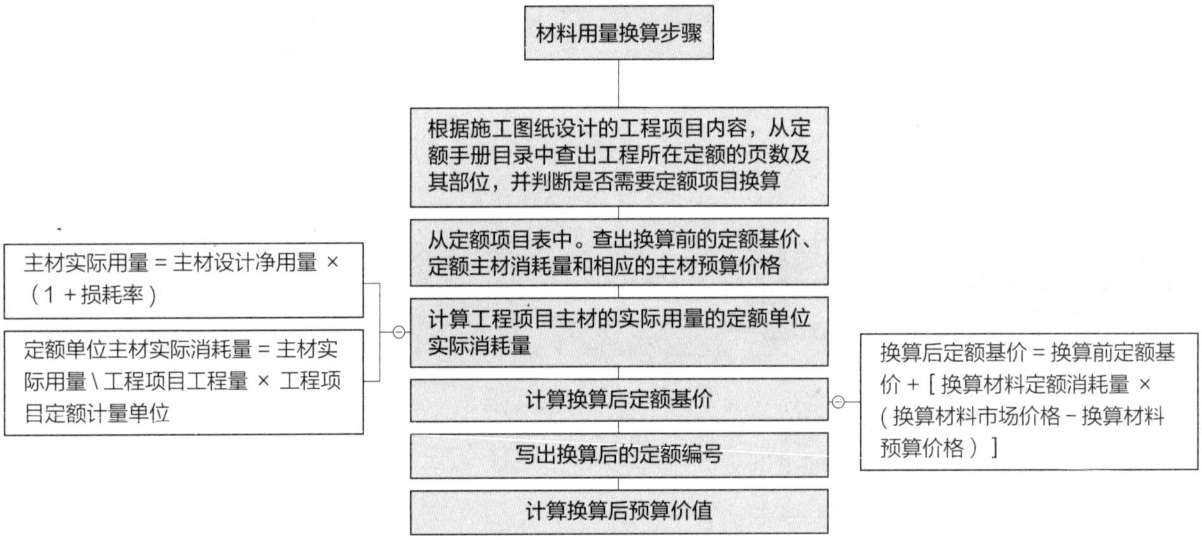

图6-5 材料用量换算的步骤方法

补充要点

建筑装饰工程预算软件

建筑装饰工程预结算软件在民建上用得最多的就是广联达、北京筑龙、神机妙算、海盛、同望等。其中广联达旗下产品众多，各个软件的综合性能远超其他同类软件，计价软件现在也是多专业、多方式、紧跟互联网改革的形式，如云计价等。还有很多其他附属产品，如广联达服务新干线、广联达G+里的建筑小工具、广材网、指标神器等，都大大方便了工程投标，提高了预算人员的工作效率。

三、材料种类换算法

当施工图设计的工程项目所采用的材料种类，与定额规定的材料种类不同而引起定额基价变化时，定额规定必须进行换算。材料种类换算的方法步骤如图6-6所示。

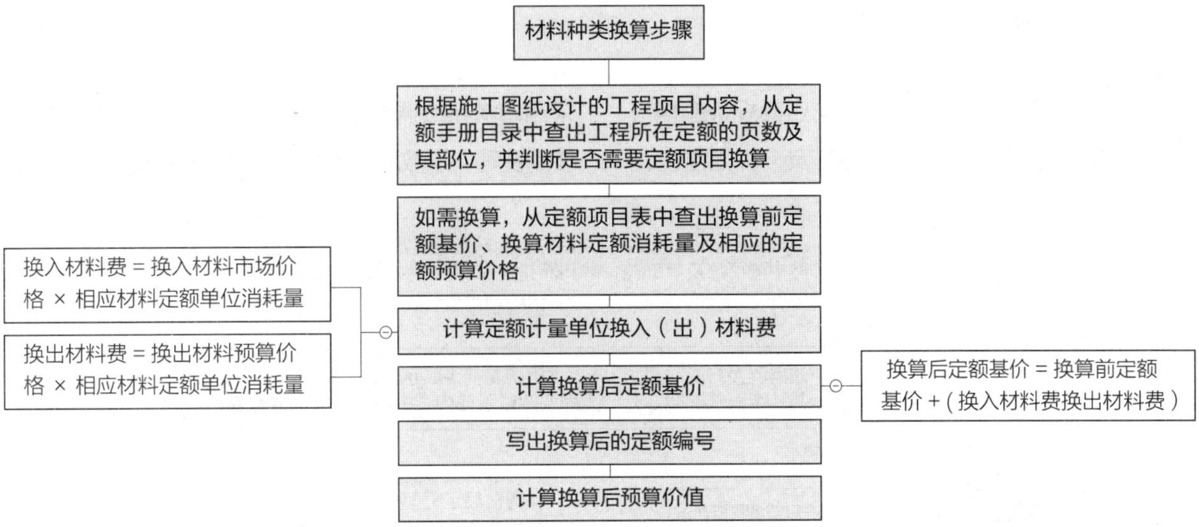

图6-6　材料种类换算的方法步骤

四、材料规格换算法

当施工图设计的工程项目的主材规格与定额规定的主材规格不同而引起定额基价的变化时，定额规定必须进行换算。与此同时，也应进行差价调整。材料种类换算的方法步骤如图6-7所示。

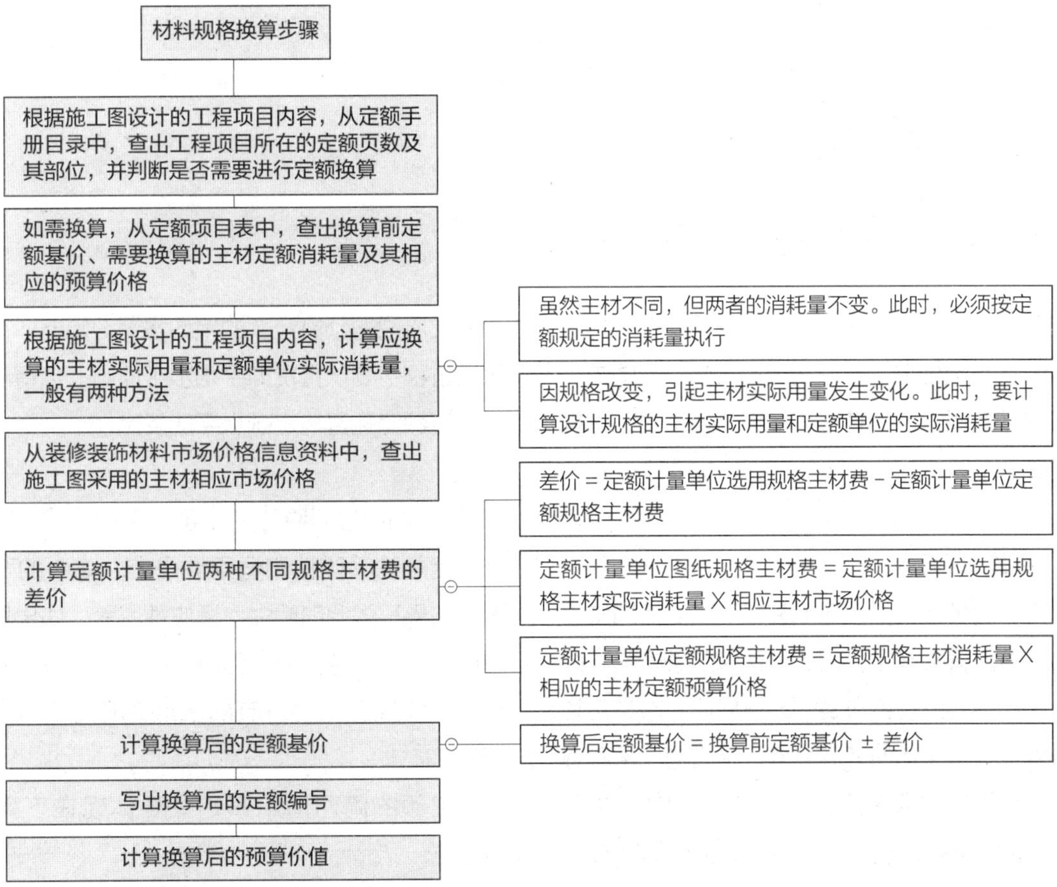

图6-7　材料规格换算的方法步骤

五、系数增减算法

施工图设计的工程项目内容与定额规定的相应内容有的不完全相符，定额规定在其允许范围内，采用增减系数调整定额基价或其中的人工费、机械使用费等。系数增减换算的方法步骤如图6-8所示。

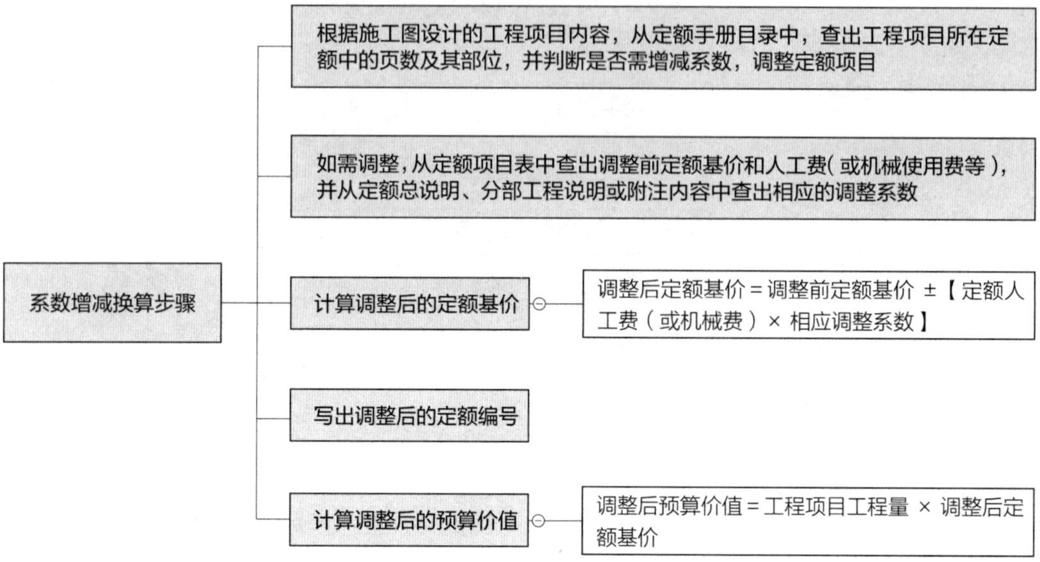

图6-8 系数增减换算的方法步骤

第四节 预算定额编制方法

一、建筑装饰工程预算定额的编制原则

施工图设计的工程项目内容与定额规定的相应内容有的不完全相符，定额规定在其允许范围内，采用增减系数调整定额基价或其中的人工费、机械使用费等。

1. 平均水平原则

在定额计价方式中，建筑装饰产品价格的主要部分由预算定额来确定，因此，预算定额的编制必须符合生产商品的社会必要劳动量规律，即在正常施工条件下，以平均的劳动强度、平均的技术熟练程度，在平均的技术装备条件下，完成单位合格产品所需要的劳动消耗量，就是预算定额的消耗量水平。这种以社会必要劳动量来确定的定额水平，就是通常所说的预算定额的平均水平。因此，在定额编制过程中要认真贯彻平均水平原则。值得注意的是，定额消耗量与定额水平成反比。

2. 简明适用原则

定额的简明性和适用性是统一体中的两个方面。如果只强调简明性，适应性就差，如果只强调适应性，简明性就差。因此，为了合理解决好这一矛盾，预算定额应坚持在适用的基础上力求简明的原则。

定额的简明适用原则主要体现在下列几个方面：

（1）为了满足各方面适用的需要（如编制标

底或标价、签订合同价、办理工程结算、编制各种计划和进行工程成本核算等），不但要求项目齐全，而且还要考虑补充有关新工艺、新结构的项目。另外，还要注意每个定额子目的内容划分要恰当。

（2）明确预算定额计量单位时，要考虑简化工程量计算的问题。

（3）预算定额中的各种说明，要简明扼要，通俗易懂。

二、建筑装饰工程预算定额的编制步骤

建筑装饰工程预算定额的编制步骤大致可分为三个阶段，即准备工作阶段（包括收集资料）、编制定额阶段、申报定额阶段。但各阶段工作有时互相交叉，有些会有多次反复（图6-9）。

（1）建立编制预算定额的组织机构，确定编制预算定额的思想和编制原则。

（2）制定编制预算定额的细则，搜集编制预算定额的有关技术资料。

（3）审查、熟悉和修改搜集来的资料，按确定的定额项目和有关的技术资料分别计算工程量。

（4）规定人工幅度差、机械幅度差、材料损耗率、材料超运距及其他工料费的计算要求，并分别计算出一定计量单位分项工程或结构构件的人工、材料和施工机械台班消耗量标准。

（5）根据上述计算的人工、材料和机械台班消耗量标准及本地区人工工资标准、材料预算价格、机械台班使用费，计算预算定额基价，即完成一定计量单位分项工程或结构构件所消耗的人工费、材料费、机械费。

（6）编制定额项目表。

（7）测算定额水平，审查修改所编制的定额，并报请有关部门批准。

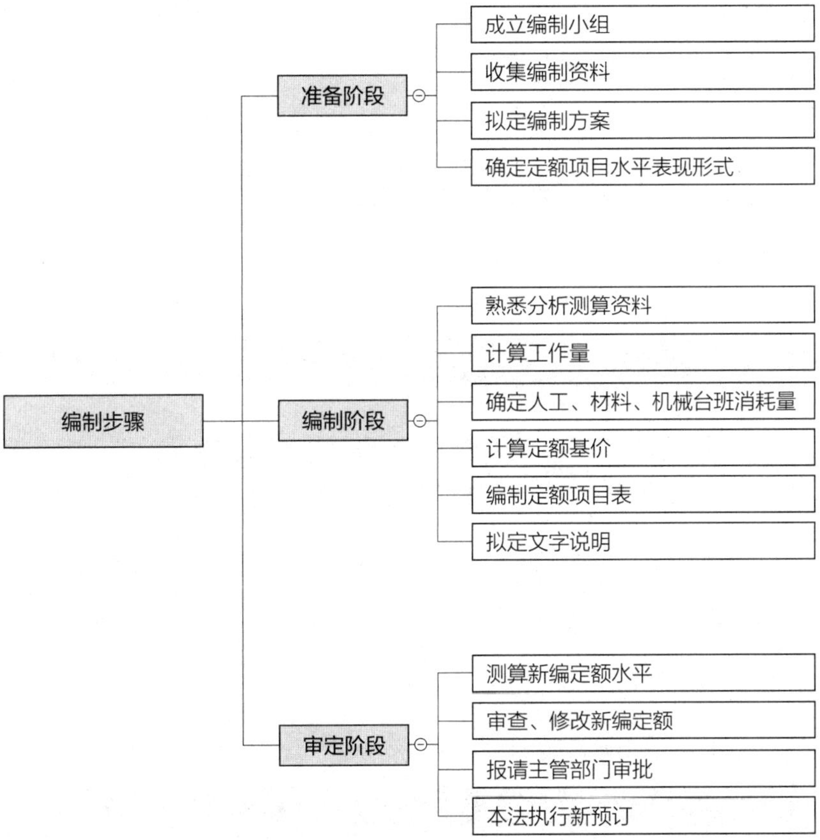

图6-9　预算定额的编制步骤

三、建筑装饰工程预算定额的编制方法

1. 确定定额项目名称和工程内容

建筑装饰工程预算定额项目名称，即分部分项工程项目及其所含子项目的名称，定额项目及其工程内容，通常根据编制建筑装饰工程预算定额的有关基础资料，参照施工定额分项工程项目综合确定，并应反映当前建筑装饰业的实际水平，具有广泛的代表性。

2. 确定施工方法

施工方法是确定建筑装饰工程预算定额项目的各专业工种和相应的用工数量，各种材料、成品或半成品的使用量，施工机械类型及其台班的使用量，以及定额基价的主要依据。

3. 确定定额项目计量单位

确定的原则。定额计量单位的确定，应与定额项目相适应。首先，它应当确切地反映分项工程等最终产品的实物消耗量，保证建筑装饰工程预算的准确性。其次，要有利于减少定额项目、简化工程量计算，保证预算定额的适用性。定额计量单位的选择，主要根据分项工程的形体特征和变化规律来确定，见表6-1。

表6-1　定额计量单位的选择

物体形体特征及变化规律	定额计量单位	举例
长、宽、高都发生变化	米^3	如土方、砖石、瓦块等
厚度一定，面积变化	米^2	如铝合金墙面、门窗、木地板等
截面形状大小固定，只有长度变化	米	如楼梯扶手、装饰线、避雷网安装等
体（面）积相同，重量和价格差异大	吨或千克	如金属构件制作、安装工程等
形状不规则难以度量	套、个、件等	如制冷通风工程、栓类阀门工程等

表示方法。定额计量单位，一般规定见表6-2。

表6-2　定额计量单位公制表示法

计量单位名称	定额计量单位
长度	毫米，厘米，米
体积	米^3
面积	毫米^3，厘米^3，米^3
重量	千克，吨

定额项目单位见表6-3。

表6-3　选择定额计量单位的方法表

项目	单位	小数位
人工	工日	保留两位小数

续表

项目	单位	小数位
钢材	t	保留三位小数
铝合金型材	千克	保留两位小数
通风设备、电器设备	台	保留两位小数
水泥	千克	零（取整数）
木材	米^3	保留三位小数
其他材料	依具体情况而定	保留两位小数
机械	台（班）	保留三位小数
定额基价	元	保留两位小数

补充要点

定额单位确定原则

在工程量单位设定过程中，尽量以“米”“米^2”“米^3”等实体数据单位为主，对于特殊构造才用“项”来设定，一旦用“项”来设定，要在工艺说明中将内容补充完整，不能过于简单。

4. 计算工程量

计算工程量的目的，是为了通过分别计算出典型设计图或资料所包括的施工过程的工程量，使之在编制建筑装饰工程预算定额时，有可能利用施工定额的人工、材料和施工机械台班的消耗指标。

定额项目工程量的计算方法主要是依据确定的分项工程及其所含子项目，结合选定的典型设计图或资料、典型施工组织设计，按照工程量计算规则进行计算。通常采用工程量计算表格计算。

在工程量计算表中，需要填写的内容主要包括下列四项（图6-10）。

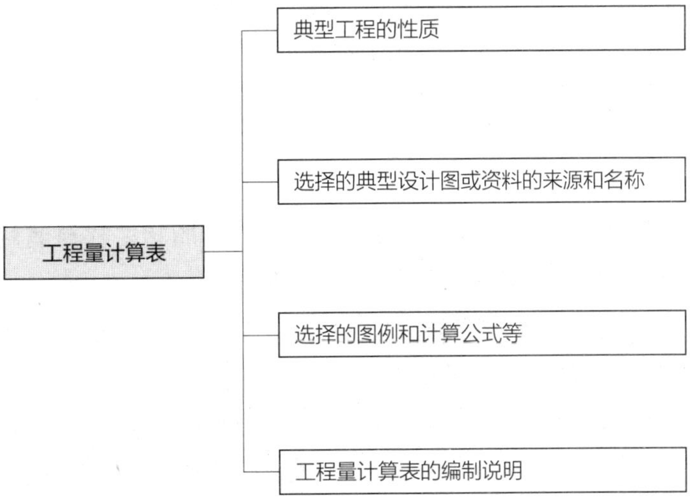

图6-10　工程量计算表包含内容

5. 建筑装饰工程预算定额人工、材料和机械台班消耗量指标的确定

确定分项工程或结构构件的定额消耗指标，包括劳动力、材料和机械台班的消耗量指标。

（1）人工消耗量指标的确定。预算定额人工消耗量指标，是指完成一定计量单位的建筑装饰产品所必需的各种用工量的总和，包括基本用工量和其他用工量。

①基本工消耗量。基本工消耗量是指完成一定计量单位分项工程或结构构件所需消耗的主要用工。基本工消耗量计算公式具体表示如下：

基本工消耗量＝Σ（工序工程量×相应时间定额）

②其他工消耗量。其他工消耗量是指劳动定额内没有包括而在预算定额内又必须考虑的工时消耗。其内容包括辅助用工、超运距用工和人工幅度差。辅助用工是指预算定额中基本工以外的材料加工等所用的工时。其计算公式具体表示如下：

辅助用工＝Σ（材料加工数量×相应时间定额）

超运距用工是指编制预算定额时，材料、半成品等运距超过劳动定额所规定的运距，而需增加的工时数量。超运距及超运距用工量的计算可用下式表示。

超运距＝预算定额规定的运距－劳动定额规定的运距

超运距用工量＝Σ（超运距材料数量×相应时间定额）

③人工幅度差。人工幅度差是指劳动定额中没有包括而在预算定额中又必须考虑的工时消耗，也是在正常施工条件下所必须发生的各种零星工序用工。其内容包括各工种间的工序搭接、交叉作业互相配合所造成的不可避免地停歇用工；施工过程中水电维修、质检抽查而影响的操作用工；施工机械在单位工程之间变换位置或临时移动水电线路所造成的间歇用工；场内单位工程间操作地点转移影响工人操作的时间；施工中不可避免的少量用工等。人工幅度差的计算，可用下式表示。

人工幅度差＝（基本用工＋超运距用工＋辅助用工）×人工幅度差系数

补充要点

人工幅度差

人工幅度差是在编制预算定额人工消耗量时，除计算基本用工、辅助用工外，还应考虑劳动定额未包括，而在正常施工条件下又不可避免的间歇时间和零星工时消耗。必须增加一定的调整幅度，称为人工幅度差。

人工幅度差包括：各工种之间的工序搭接；水、暖、电工程之间交叉配合所需停歇时间；施工机械在单位工程之间转移及临时水电线路在施工过程中移动所发生的不可避免的工作间歇；工程质量检查与隐蔽工程验收而影响工人的操作时间;场内单位工程之间操作地点转移，影响工人的操作时间等。

（2）材料消耗指标的确定。建筑装饰工程预算定额中的主要材料、成品或半成品的消耗量，应以施工定额的材料消耗定额为计算基础。如果某些材料成品或半成品没有材料消耗定额，则应选择有代表性的施工图，通过分析、计算，求得材料消耗指标。

材料消耗指标的构成，如图6-11所示。

①非周转性材料消耗指标，一般可按下式计算。

非周转性材料消耗量＝材料净用量＋材料损耗量＝材料净用量×（1＋材料损耗率）

此计算式中，材料净用量可按材料消耗净定额或采用观察法，试验法和计算法确定；材料损耗量可按材料损耗定额或采用观察法、试验法和计算法

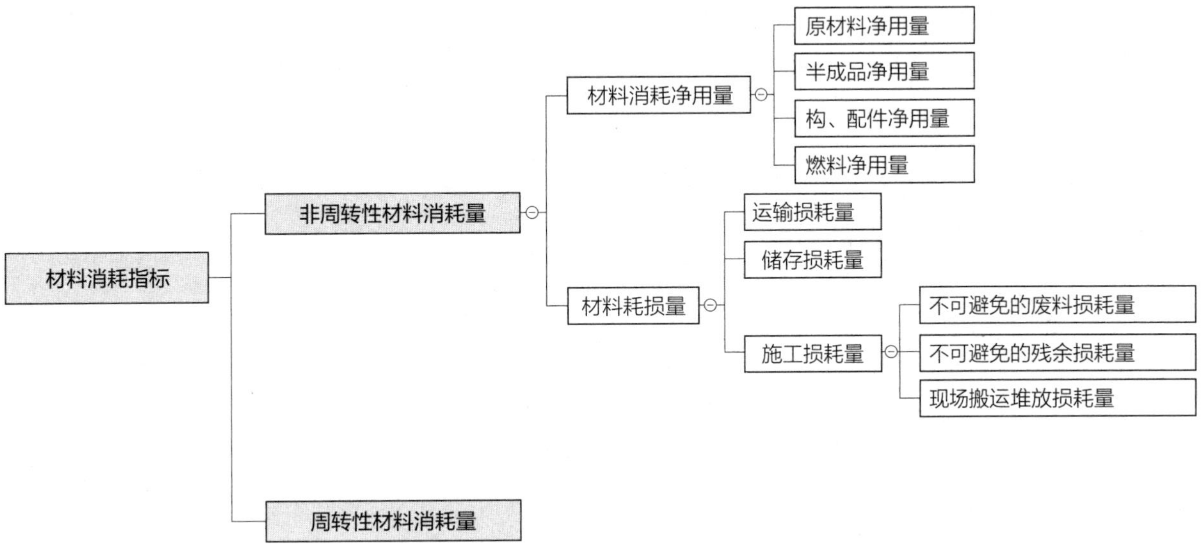

图6-11 材料消耗指标的构成

确定；材料损耗率为材料损耗量与净用量的百分比，即：

材料损耗率＝报耗量/净用量×100%

②周转性材料消耗指标，即周转性材料摊销量。一般可按下式计算。

周转性材料摊销量＝周转使用量－回收量

周转使用量＝[1+（周转次数－1）×补损率]/周转次数

补损率＝材料补损量/净用量×100%

回收量＝一次使用量×（1-补损率）/周转次数

此计算式中，周转次数为周转材料重复使用的次数，一次使用量为周转材料一次使用的基本量。

（3）施工机械台班消耗指标的确定。建筑装饰工程预算定额中的机械台班消耗指标，是以台班为单位进行计算的。机械台班消耗指标根据机械台班定额规定台班工程量计算，并考虑在合理的施工组织技术条件下机械的停歇因素。根据影响机械台班消耗量因素，在施工定额基础上，规定出一个附加额。这个附加额用相对数表示，称为“机械幅度差系数”。

6. 编制定额项目表

（1）人工消耗定额。通常按综合列出工日数，并在它的下面分别按技工、普通工列出工日数。

（2）材料消耗定额。通常要列出材料的名称和消耗量；对于一些用量很少的次要材料，可合并成一项，按“其他材料费”直接以金额“元”列入定额项目表，但占材料总价值的比重，不能超过2%～3%。

（3）机械台班消耗定额。通常按机械类型、机械性能列出各种主要机械名称，其消耗定额以“台班”表示；对于一些次要机械，可合并成一项，按“其他机械费”直接以金额“元”列入定额项目表。

（4）定额基价。一般直接在定额表中列出，其中人工费、材料费和机械费应分别列出。

7. 编制定额说明

定额文字说明，即对建筑装饰工程预算定额的工程特征，包括施工方法、工程内容、计量单位以及具体要求等加以简要说明。

四、建筑装饰工程预算定额表的相关内容

1. 建筑装饰工程预算定额表的内容（表6-4）

（1）表头。表头包括分项工程项目名称、预算定额编号、工作内容以及定额计量单位。

（2）表身。表身包括完成某分项工程的建筑装饰工程预算定额规定的人工、材料以及机械的名称单位及定额消耗量，人工、材料和机械的名称相应的日工资标准、材料和机械台班的预算价格。

表6-4　建筑装饰工程预算定额示例表

定额编号				×－××	×－××
项目名称				墙面、墙裙	方柱、梁面
基价/元				×××	×××
其中	人工费/元			×××	×××
	材料费/元			×××	×××
	机械费/元			×××	×××
名称		单位	单价/元	数量	
综合工日		工日	×××	×××	×××
材料	水泥砂浆1：3	米^3	×××	×××	×××
	素水泥浆	米^3	×××	×××	×××
	白水泥	千克	×××	×××	×××
	马赛克	米^2	×××	×××	×××
	玻璃马赛克	米^2	×××	×××	×××
	108胶	千克	×××	×××	×××
机械	灰浆搅拌200L	台班	×××	×××	×××

2. 预算定额计量单位的选择原则（表6-5）

表6-5　预算定额计量单位的选择原则

序号	根据物体特征及变化规律选择	定额计量单位	示例
1	断面形状固定，长度有变化	延长米	木装饰、踢脚线等
2	厚度固定、长度有变化	米^2	楼地面、屋面、门窗等
3	长、宽、高均不固定	米^3	土石方、砖石、钢筋混凝土等
4	面积或体积相同，质量和价格差异比较大	吨或千克	金属构件等
5	形体变化不规律	台、件、套、个、根	零星装修、给排水管道工程等
注：扩大计量单位在定额中可表示为10米^2、100米^2、10米等			

3．预算定额中材料、成品、半成品损耗率参考（表6-6）

表6-6　　预算定额中材料、成品、半成品损耗率参考表

图示	材料名称	工程项目	损耗率 /%
	标准砖	基础工程	0.4
	多孔砖	墙面基础工程	1
	白瓷砖		1.5
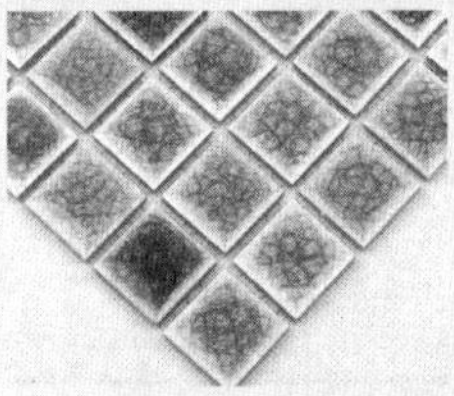	陶瓷锦砖	马赛克铺贴	1
	铺地砖	缸砖	0.8
	水磨石板		1
	小青瓦、黏土瓦以及水泥瓦	包括脊瓦	2.5

续表

<table>
<tr><th>图示</th><th>材料名称</th><th colspan="2">工程项目</th><th>损耗率 /%</th></tr>
<tr><td rowspan="2"></td><td rowspan="2">砂</td><td colspan="2">天然砂</td><td>2</td></tr>
<tr><td colspan="2">砂（混凝土工程）</td><td>1.5</td></tr>
<tr><td></td><td>砾（碎）石</td><td colspan="2"></td><td>2</td></tr>
<tr><td></td><td>生石灰</td><td colspan="2"></td><td>1</td></tr>
<tr><td></td><td>水泥</td><td colspan="2"></td><td>1</td></tr>
<tr><td rowspan="8">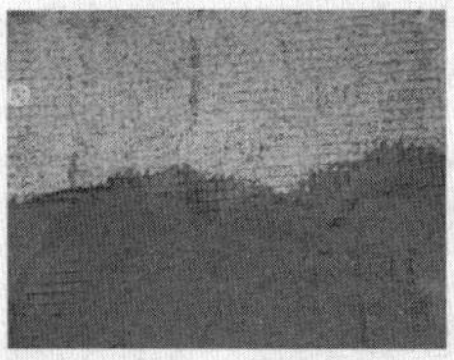</td><td rowspan="8">砂浆</td><td colspan="2">砌筑砂浆（砖砌体）</td><td>1</td></tr>
<tr><td rowspan="2">混合砂浆</td><td>抹灰棚</td><td>3</td></tr>
<tr><td>抹墙及墙裙</td><td>2</td></tr>
<tr><td rowspan="2">石灰砂浆</td><td>抹顶棚</td><td>1.5</td></tr>
<tr><td>抹墙及墙裙</td><td>1</td></tr>
<tr><td rowspan="3">水泥砂浆</td><td>顶棚、梁、柱、腰线</td><td>2.5</td></tr>
<tr><td>抹墙及墙裙</td><td>2</td></tr>
<tr><td>地面、屋面</td><td>1</td></tr>
<tr><td rowspan="4"></td><td rowspan="2">混凝土现浇</td><td colspan="2">地面</td><td>1</td></tr>
<tr><td colspan="2">其余部分</td><td>1.5</td></tr>
<tr><td rowspan="2">混凝土预制</td><td colspan="2">桩基础、梁、柱</td><td>1</td></tr>
<tr><td colspan="2">其余部分</td><td>1.5</td></tr>
<tr><td rowspan="3"></td><td rowspan="3">钢</td><td colspan="2">钢筋（现浇及预制混凝土）</td><td>2</td></tr>
<tr><td colspan="2">铁件（成品）</td><td>1</td></tr>
<tr><td colspan="2">钢材</td><td>6</td></tr>
</table>

续表

图示	材料名称	工程项目	损耗率 /%
	木材	门窗	6
		门芯板制作	13.1
	玻璃	配置	15
		安装	3
	沥青	操作	1

第五节　工程费用的基本构成

一、建筑装饰产品价格特点

1. 商品的价值和价格

商品是为交换而生产的劳动产品。商品的价值是指凝结在商品中的人类劳动，价值大小取决于消耗在产品生产中的社会必要劳动时间的多少，而不是个别劳动时间的多少。所谓社会必要劳动时间是指社会平均劳动时间。

凡是商品都有它的价值，反之没有价值的东西不可能成为商品。商品的价值用货币来表现就是商品的价格，即价格是价值的货币表现。商品交换时，价格要以价值为基础，实行等价交换，这就是价值规律。

2. 建筑装饰产品价格特点

建筑装饰产品不同于一般工业产品，其价格也不同于一般工业产品的价格，建筑装饰产品价格编制的依据有两个。

（1）建筑装饰特点决定装饰价格。建筑装饰产品各式各样，规格千变万化。工业产品多数是标准化的；建筑装饰产品的生产没有固定地区，随着装饰工程所在地的变化而变换工地；工业产品的生产是在固定的生产地点（工厂）进行不断重复的连续生产过程，工业产品生产条件很少发生显著变化，而建筑装饰工程却因装饰时间不同、地点不同、施工条件不同等，在工程预算造价上有很大的差异。例如，装饰两个结构和面积相同的房屋，一个在冬季施工，一个在夏季施工，两者的预算造价就不相同；一个在交通方便的地方施工，一个在偏僻的地方施工，它们的工程投资费用也不相同。即使在同一季节、同一地方的装饰工程，由于装饰设计方案不同，装饰产品的价格也是不同的。采用同一标准设计的装饰物，也会由于材料来源不同、运输工具和运输距离不同，以及施工机械化程度不同等众多原因造成所需的装饰工程费用有很大的差别。正是这些因素决定了装饰工程（装饰产品）的报价必须采用适用于装饰工程特点的特殊方法。

（2）建筑装饰工程的各项构成费用影响装饰价格。建筑装饰产品的价格由直接费、间接费，利润和税金等组成。从建筑装饰工程造价编制的过程看，直接费的材料预算价格与实际价格可以调整，人工费按地区预算标准（工资标准不变）计算，其他直接费按规定的费率可变；计划利润不变。而装饰工程造价是由直接费、间接费和计划利润构成的，所以工程造价的可变性是必然的。

二、建筑装饰工程计价理论

1. 建筑装饰工程造价

建筑装饰工程造价是指建筑装饰建设项目在建筑装饰过程中施工企业发生的生产和经营管理费用的总和。

工程造价广义上是指建筑装饰工程项目从立项决策到竣工验收交付使用所需的全部投入费用，也就是建设投资；狭义上是指在建筑装饰过程中施工企业发生的生产和经营管理的费用总和。前一种理解是对投资者即建设单位而言，后一种理解是对建筑装饰工程项目的建造者，即对施工单位而言。通常所说的工程造价是指狭义的解释。

2. 工程造价理论构成

建筑装饰工程项目作为一种商品，其造价也同其他商品一样，应包括各种活劳动和物化劳动的消耗费用，以及这些费用消耗所创造的社会价值。但是，建筑装饰工程造价又有其特殊性。

（1）建筑装饰工程造价由三个部分构成：

①物质消耗支出，即价值转移的货币表现（C）。

②劳动报酬，即劳动者为自己的劳动所创造价值的货币表现（V）。

③盈利，即劳动者为社会提供的劳动所创造价值的货币表现（M，利润和税收）。

所以，建筑装饰工程造价的理论构成可表示为：

建筑装饰工程理论费用 = $C+V+M$

（2）与一般的工业产品价格构成不同，工程造价的构成还具有某些特殊性，其主要表现如下。

①建筑装饰工程在竣工后，一般不在空间上发生物理运动，可直接移交用户立即进入生产和生活消费，因而价格中不包括一般商品具有的生产性流通费用，如商品包装费、运输费、保管费。

②建筑装饰建设工程项目固定在一个地方，和土地连成一片，因而价格中一般应包括土地价格或使用费。另一方面，由于施工人员和施工季节要围绕建设工程流动，因而有的工程价格中还包括施工企业远离基地的调迁费用或成品建造的转移所发生的费用。

③建筑装饰建设工程的生产者中包括勘察设计单位，建筑装饰企业，因而工程造价中包含的劳动报酬和盈利均是总体劳动者的劳动报酬和盈利。

3. 我国现行工程造价的组成内容

在我国，建筑装饰工程项目从筹建到竣工验收、交付使用整个过程的投入费用称为工程造价，也称为基本建设费用，它所包括的内容具体表示如下。

建筑装饰工程造价 = 直接费 + 间接费 + 利润 + 税收

建筑装饰工程造价 = 分部分项工程量清单费用 + 措施项目清单费用 + 其他措施项目清单费用 + 规费 + 税收

三、建筑装饰工程费用构成

在建筑装饰工程施工中，需要投入大量的人力、材料、机械等，消耗大量资金。因此，在建筑装饰工程中，既包含各种人力、材料、机械使用的价值，又包含工人在施工中新创造的价值，这些价值都应该在建筑装饰工程的费用中体现出来。

建筑装饰工程费用包含的项目繁多，计算复杂。由于建筑装饰工程及生产的技术经济特点，使得建筑装饰工程的费用构成、费用计算基础和取费标准等，必须按工程的类别、标准、等级、地区、企业级别等不同而发生变化，而且建筑装饰工程费用随着时间的推移及生产力和科学技术水平的提高，费用构成、取费标准等也将发生变化，以便适应相应时期建筑装饰工程产品的价值变化。

2013年发布的《建设工程工程量清单计价规范》对工程费用如何计算作了详细的规定。与传统的装饰工程定额计价模式费用的计算方法相比，清单计价模式费用的计算方法在计算方法、费用构成上都发生了很大变化。建筑装饰工程预算费用主要是指施工图预算费用，采用定额计价方法时，建筑装饰工程费用主要由工程直接费、工程其他直接费、间接费、计划利润和税金等组成；当采用清单计价方法时，建筑装饰工程费用又包括分部分项工程清单费用、措施项目清单费用，其他项目清单费用、规费清单费用和税金等。

四、建筑装饰工程费用内容

1. 分部分项工程费

分部分项工程费是指完成工程计价表中列出的各分部分项工程量所需的费用，包括人工费、材料费、机械台班费、现场管理费及企业管理费和利润。

（1）人工费。是指从事建筑装饰工程施工的工人（包括现场运输等辅助工人）和附属生产工人的基本工资、附加工资、工资性津贴、辅助工资和劳动保护费。但是，人工费不包括材料保管、采购、运输人员、机械操作人员、施工管理人员的工资，这些人员的工资，分别计入其他有关的费用中。人工费的计算公式如下：

人工费 = Σ（工程量 × 预算定额基价人工费）

（2）材料费。是指完成建筑装饰工程所消耗的材料、零件、成品和半成品的费用，以及周转性材料的摊销费累加总和。材料费的计算公式如下：

材料费 = Σ（工程量 × 预算定额基价材料费）

（3）施工机械使用费。是指建筑装饰工程施工中所使用的各种机械费用的总和，它不包括施工管理和实行独立核算的加工厂所需的各种机械的费用。施工机械使用费的计算公式如下：

施工机械使用费 = Σ（工程量 × 预算定额基价机械费）

（4）现场管理费。是指施工企业为完成建筑装饰工程施工，花费在建筑装饰施工项目现场的各项费用等，包括以下内容：

①工资费用。现场管理人员的基本工资、工资性补贴、职工福利费、劳动保护费等。

②办公费。指现场管理办公用的文具、纸张、账表、印刷、邮电、书报、会议、水、电、烧水和集体取暖（包括现场临时宿舍供暖）用煤等费用。

③差旅交通费。指职工因公出差期间的旅费、住勤补助费、市内交通费和误餐补助费、职工探亲路费、劳动力招募费、职工离退休、退职一次性路费、工伤人员医疗费，以及工地转移和现场管理使用的交通工具的油料、燃料、养路及牌照费。

④固定资产使用费。指现场管理及试验部门使用的属于固定资产的设备、仪器等的折旧，大修理、维修费或租赁费。

⑤工具用具使用费。指现场管理使用的不属于固定资产的工具、器具、家具、交通工具和检验、试验、测绘、消防用具等的购置、维修和摊销费。

⑥保险费。指施工管理用财产、车辆保险费。

⑦工程排污费。指施工现场按规定缴纳的排污费用。

⑧其他费用。

（5）企业管理费。企业管理费是指装饰施工企业为组织施工所发生的管理费用，包括如下内容：

①管理人员的基本工资、工资性补贴及按规定标准计提的职工福利费。

②差旅交通费。指企业职工因公出差、工作调动的差旅费、住勤补助费、市内交通费和误餐补助费、职工探亲路费、劳动力招聘费、离退休职工一次性路费，以及交通工具的油料、燃料、养路费、牌照费等。

③办公费。指办公用文具、纸张、账表、印刷、邮电、书报、会议、水、电、燃煤（气）等费用。

④财务费。指企业为筹集资金而发生的各项费用，包括企业经营期间发生的利息净支出、汇兑净损失、调剂外汇手续费、金融机构手续费，以及企业筹集资金发生的其他财务费用。

⑤固定资产折旧、修理费。指企业属于固定资产的房屋、设备、仪器等的折旧及维修费用。

⑥工具用具使用费。指企业管理使用的不属于固定资产的工具、用具、家具、交通工具，以及检验、试验、消防用具等的维修和摊销费用。

⑦工会经费。指企业按职工工资总额2%计提的工会经费。

⑧职工教育经费。指企业为职工学习先进技术和提高文化水平，按职工工资总额的1.5%计提的费用。

⑨待业保险费。指企业按照国家规定缴纳的待业保险基金。

⑩工程定额编制管理、定额测定费。指按规定支付工程造价（定额）管理部门的定额编制管理费及劳动管理部门的定额测定费。

⑪税金。指企业按规定缴纳的房产税、土地使用税、印花税等。

⑫其他。包括技术开发费、业务招待费、排污费、绿化费、广告费、公证费、法律顾问费、审计费、咨询费、防洪工程维护费、合同审查及按规定支付的上级管理费等。

（6）利润。是指施工单位劳动者和集体劳动者所创造的价值，施工企业为完成所承包工程而合理收取的酬金，以及按国家规定应计入装饰工程造价的利润。利润是施工企业承包建设工程应计取的酬金。依据工程的投资来源或工程类别的不同，实施的利润率不同。利润中包括所得税，商品的利润大小反映了企业劳动者对社会的贡献，同时也对企业的发展和职工福利都有着重大的影响。按规定利润可计入工程造价，不分工程类别而以人工费、机械台班费、综合费之和的一定百分比计算。

2. 装饰工程措施项目费

（1）措施项目费组成。包括人工费、材料费、机械使用费、管理费、利润及风险费等。

①环境保护费。指在正常施工条件下，环保部门按规定向施工单位收取的噪声、扬尘、排污和施工现场为达到环保部门要求所需要的各项费用。

②现场安全、文明施工措施费。指现场设置安全、文明施工措施所需的费用，包括脚手架挂安全网、铺安全竹笆片、洞口、五临边及电梯井护栏费用、电气保护安全照明设施费、消防设施及各类标牌摊销费、施工现场环境美化、现场生活卫生设施、施工出入口清洗及污水排放设施、建筑垃圾消理外运等内容。

③临时设施费。指施工企业为进行装饰工程施工所必需的生活和生产用的临时建筑物、构筑物和其他临时设施费用等。临时设施包括临时宿舍、文化福利及公用事业房屋与构筑物；现场必需的仓库、加工厂、修理棚、淋灰池、烘炉、操作台；现场以内的临时道路、便桥、临时水塔、围墙、水、电力管线及其他动力管线（不包括锅炉、变压器等设备）等设施。但不包括三通一平范围内的主干路、干管、干线、场地平整及各类临时设施的填垫土石方工程。

④材料二次搬运费。根据现场总面积与装饰工程首层建筑面积的比例，以预算基价中材料费合计为基数，乘以相应的二次倒运费费率计算。

⑤脚手架费用。指脚手架搭设、加固、拆除、周转材料摊销等费用。

⑥已完工程及设备保护费。指对已施工完成的工程和设备采取保护措施所发生的费用。

⑦施工排水、降水费。指施工过程中发生的排水、降水费用。

⑧垂直运输机械费。指在合理工期内完成单位工程全部项目所需的垂直运输机械台班费。

⑨空气污染测试费。指对空气相关参数进行检测发生的人工和检测设备的摊销等费用。

⑩检验试验费。指根据国家有关标准或施工验收规范要求，对建筑材料、构配件和建筑物工程质量检测检验所发生的费用。除此以外，发生的检验试验费，如已有质保书材料，而建设单位或质检部门另行要求检验试验所发生的费用，以及新材料、新工艺、新设备的试验费等应另行向建设单位收取。

⑪赶工措施费。指若建设单位对工期有特殊要求，则施工单位必须增加的施工成本费。

⑫工程按质论价。指建设单位要求施工单位完成的单位工程质量达到经权威部门鉴定为优良工程所必须增加的施工成本费。

⑬特殊条件下施工增加费。指在有毒有害气体和有放射性物质区域范围内的施工人员的保健费，与建设单位职工享受同等特殊保健津贴。根据现场实际完成的工程量的计价表耗工数，并加计10%的现场管理人员的人工数确定。

（2）计算方法。措施项目费一般包括实体措施项目费和配套措施项目费。实体措施项目费是指工程量清单中，为保证某类工程实体项目的顺利进行，根据国家现行有关建设工程施工及验收规范、规程要求，必须配套完成工程内容所需的费用。配套措施项目费不是某类实体项目，而是为保证整个工程项目的顺利进行，根据国家现行有关建设工程施工及验收规范、规程要求，必须配套完成工程内容所需的费用，如文明施工费、安全施工费等。它们的费用计算方法分别如下：

①系数法。实体措施项目费计算，即以措施项目有直接关系的工程项目直接工程费（或人工费，或人工费与机械费之和）合计作为基数乘以实体措施费系数。一般地，实体措施费系数是根据以往代表性工程的资料进行分析取得的。实体措施项目费计算，是用整体工程项目直接工程费（或人工费，或人工费与机械费之和）合计作为基数乘以配套措施费系数。配套措施费系数也是根据以往代表性工程的资料进行分析取得的。

②方案分析法。通过编制具体的措施实施方案，对方案所涉及的各种经济技术参数进行计算后，确定实体措施项目费或者配套措施项目费。

3. 其他项目费

其他项目费是指暂列金额、暂估价（包括材料暂估价、专业工程暂估价）、计日工和总承包服务费的总和，应包括人工费、材料费、机械使用费、管理费及风险费。

（1）暂列金额。指在工程量清单中暂定并包括在合同价款中的一笔款项。用于施工合同签订时尚未确定或不可预见的所需材料、设备、服务的采购，施工中可能发生的工程变更、合同约定调整因素出现时的工程价款调整，以及发生的索赔、现场签证确认等的费用。

（2）暂估价。指在工程量清单中提供的用于支付必然发生但暂时不能确定价格的材料的单价及专业工程的金额，暂估价包括材料暂估单价、工程设备暂估单价、专业工程暂估价。经发包人确认的材料和工程设备价格与工程量清单中所列的暂估价的差额，以及相应的规费、税金等费用，应列入合同价格。发包人在工程量清单中给定暂估价的专业工程，依法必须计量的，应当由发承包双方依法组织选择专业分包人，并接受有管辖权的建设工程造价管理机构的监督。

（3）计日工。在施工过程中，完成发包人提出的施工图样以外的零星项目或工作，按合同中约定的综合单价计价。采用计日工计价的任何一项变更工作，承包人应在该项变更的实施过程中，每天提交以下报表和有关凭证呈送发包人复核。

任一计日工项目持续进行时，承包人应在该项工作实施结束后的24小时内，向发包人提交有计日工程记录汇总的现场签证报告一式三份。发包人在收到承包人提交现场签证报告后的2天内予以确认并将其中一份返还给承包人，作为计日工计价和支付的依据。发包人逾期未确认也未提出修改意见的，视为承包人提交的现场签证报告已被发包人认可。任一计日工项目实施结束，发包人应按照确认的计日工现场签证报告核实该类项目的工程数量，并根据核实的工程数量和承包人已标价工程量清单中的计日工单价计算，提出应付价款。

（4）总承包服务费。总承包人为配合协调发包人进行的工程分包自行采购的设备、材料等进行管理、服务及施工现场管理、竣工资料汇总整理等服务所需的费用。发包人应在工程开工后的28天内向承包人预付总承包服务费的20%，分包进场后，其余部分与进度款同期支付。发包人未给合同约定向承包人支付总承包服务费的，承包人可不履行总包服务义务，由此造成的损失由发包人承担。

4. 规费

规费是指按规定必须计入工程造价的行政事业性收费。按照国家或省、市、自治区人民政府规定，必须缴纳并允许计入工程造价的各项税费之和。规费主要包括工程排污费、社会保障险、住房公积金、工伤保险。

（1）工程排污费。是一项行政事业性收费，指在建筑装饰过程中污染物的排放，内容包括废气、废水、废物等各种废弃原材料和物资的费用，一般由环保部门根据工程实际情况来制定。

（2）社会保障险。指国家通过立法强制建立社会保险基金，对参加劳动关系的劳动者在丧失劳动能力或失业时给予必要的特质帮助的制度。社会保险不以营利为目的。社会保险主要是通过筹集社会保险基金，并在一定范围内对社会保险基金实行统筹调剂至劳动者遭遇劳动风险对其给予必要的帮助，社会保险对劳动者提供的是基本生活保障，只要劳动者符合享受社会保险的条件（与用人单位建立了劳动关系，已按规定缴纳了各项社会保险费），即可享受社会保险待遇。社会保险是社会保障制度中的核心内容。

（3）住房公积金。指职工个人及其所在单位按照职工个人工资收入一定比例逐月缴存，具有保障性和互助性的职工个人住房储金。职工缴存的住房公积金和职工所在单位为职工缴存的住房公积金，属于职工个人所有。

（4）工伤保险。指按照建筑法规定，企业为从事危险作业的建筑安装施工人员支付的意外伤害保险费。危险作业意外伤害保险费作为不可竞争费用，在编制施工图预算、招标控制价和投标报价时应按照定额规定的取费标准计算。规费计算一般以当地政府或者有关部门制定的标准执行。其计算公式具体表示如下：

规费＝计算基数（直接工程费、人工费或人工费与机械费之和）×规费费率%

补充要点

规费调整

规费、税金和安全文明施工费，是按当地计价规定的费率进行计取；如果是投标时规定不能高于投标控制价相对应的价格，那么调整规费、税金和安全文明施工费的计算基础即可。

但是我国大多数省都规定是不可以调整的，规费的费率应按照省、市各级工程造价管理机构核准的规费标准计算，不得随意降低或提高。因此，最好不要在规费上做文章来提高投标竞争力。

第六节 实例分析：文化园建筑装饰工程预算定额案例（扫码下载案例）

案例二维码

补充要点

套清单与套定额的区别

定额是国家（省、市，行业等）颁布的作为报价参考的标准，有材料价格、人工费、机械费、措施费等。清单则是建设单位提供的，本项目所使用材料的数量、规格、档次等的列表，以供建设单位作为报价参考，一般清单只有量，没有价格，施工单位只要照单填写就可以了。主要区别在于：定额项目一般是按施工工序、工艺进行设置的，定额项目包括的工程内容一般是单一的。清单项目的设置是以一个“综合实体”考虑的，“综合项目”一般包括多个子目工程内容。其次是定价原则有区别：定额是按工程造价管理机构发布的有关规定及定额中的基价定价。清单是企业自主报价，反映的是市场决定价格。

小贴士

造价工程师

定额预算应当由具有职业资格认证的造价工程师来完成，或者由具有职业资格认证的造价工程师来审核。造价工程师是通过全国造价工程师执业资格统一考试或者资格认定、资格互认，取得中华人民共和国造价工程师执业资格，并按照《注册造价工程师管理办法》注册，取得中华人民共和国造价工程师注册执业证书和执业印章，从事工程造价活动的专业人员。

造价工程师由国家授予资格并准予注册后执业，专门接受某个部门或某个单位的指定、委托或聘请，负责并协助其进行工程造价的计价、定价及管理业务，以维护其合法权益的工程经济专业人员。国家在工程造价领域实施造价工程师执业资格制度。凡是从事工程建设活动的建设、设计、施工、工程造价咨询、工程造价管理等单位和部门，必须在计价、评估、审查（核）、控制及管理等岗位配套有造价工程师执业资格的专业技术人员。

本章小结

建筑装饰工程的项目非常繁多，因此计算也就十分复杂，同时由于建筑装饰工程及生产的技术经济特点，建筑装饰工程的费用构成、费用计算基础和取费标准等，必须按工程的类别、标准、等级、地区。企业级别等的不同而发生变化。建筑装饰工程费用随着时间的推移及生产力和科学技术水平的提高，其费用构成、取费标准等也将发生变化，以适应相应时期建筑装饰工程产品的价值变化。在我国工程造价的计算发展过程中，主要包括定额计价和工程量清单计价两种计价方式。它们的计算方法不同，计算费用的称呼不同，计算的程序也不尽相同。

课后练习

1. 被称为“管理之父”的美国工程师是谁?
2. 建筑装饰工程定额按生产要素划分可划分为哪几类?
3. 定额项目的换算有哪几种换算方法?
4. 选用一款定额软件，自行设计制作一套建筑装饰工程的定额预算单。

第七章

建筑装饰工程量计算

案例图纸　　PPT 课件

» 学习难度：★★★★☆

» 重点概念：取费、计算、定额、预算

» 章节导读：本章主要向读者介绍建筑装饰工程量的概念，并且向读者展示建筑装饰工程工程量的计算内容、方法。让读者清楚的了解什么是工程量以及工程量计算的注意事项，了解建筑面积的计算及它在预算中的作用。

第一节 工程量

一、工程量概念

工程量是指以物理计量单位或自然计量单位来表示建筑装饰工程中的各个具体分部分项工程和构配件的实物量，工程量的计量单位必须与定额规定的计量单位一致。

工程量的计量单位包括物理计量单位和自然计量单位两种。

物理计量单位是指需要通过度量工具来衡量物体量的性质的单位，也就是采用法定计量单位表示工程完成的数量。例如，长度以米（m）为计量单位，窗帘盒、木压条等的工程量以米计算；面积以平方米（m^2）为计量单位，如墙面、柱面工程和门窗工程等工程量以平方米（m^2）计算；体积以立方米（m^3）为计量单位，如砌砖、水泥砂浆等工程量以立方米（m^3）为单位，质量以千克（kg）或吨（t）为计量单位等。

自然计量单位指不需要量纲的、具有自然属性的单位，如屋顶水箱以“座”为计量单位，施工机械以“台班”为计量单位等。

二、工程量计算的意义

工程量计算是编制施工图预算，以及为建筑装饰工程报价做好前期准备的一个重要环节。首先，工程量计算工作是在整个预算编制工作中所花时间最长的，它直接影响到预算的及时性；其次，工程量计算正确与否直接影响到各个分项工程定额直接费计算的准确性，从而影响工程预算造价的准确性。因此，在计算时需要工作人员耐心细致的做好计算工作。

三、工程量计算注意事项

工程量计算是根据已会审的施工图所规定的各分项工程的尺寸、数量，以及设备、构件、门窗等明细表和预算定额各分部工程量计算规则进行计算。在计算过程中，应注意以下几个问题。

（1）必须在熟悉和审查施工图的基础上进行，要严格按照定额规定和工程量计算规则进行计算，不任意加大或缩小尺寸，例如，不能以轴线间距作为内墙净长距离。

（2）为了便于核对和检查，避免重算或漏算，在计算工程量时，一定要注明层次、部位、轴线编号、断面符号。

（3）工程量计算公式中的各项应按一定顺序排列，以方便校核。计算面积时，一般按长、宽（高）顺序排列，数字精确度一般计算到小数点后两位；在汇总列项时，可四舍五入取小数点后两位。

（4）为了减少重复劳动，提高编制预算工作效率，应尽量利用图样上已注明的数据表和各种附表，如门窗、灯具明细表。

（5）为了防止重算或漏算，计算工程量时要按施工顺序，并结合定额手册中定额项目排列的顺序，以及计算方法顺序进行计算。

（6）计算工程量时，应采用表格方式进行，以利于审核。

第二节　楼地面工程

一、楼地面基本内容

楼地面是楼面和地面的总称，是构成楼地层的组成部分。一般来说，地层（又称为地坪）主要由垫层、找平层和面层所组成，构成地层的项目都能在楼地面工程项目中找到。楼层主要由结构层、找平层、保温隔热层和面层组成。

二、楼地面清单工程量的清单计算

1. 整体墙面

整体墙面包括水泥砂浆楼地面、现浇水磨石楼地面、细石混凝土楼地面、菱苦土楼地面等，它们的工程量清单项目设置、项目特征、计量单位、工程量计算规则可参考表7-1。

表7-1　　整体墙面工程量清单

项目名称	项目特征	计量单位	工程量计算规则	工程内容
水泥砂浆楼地面	1. 垫层材料种类、厚度 2. 找平层厚度、砂浆配合比 3. 防水层厚度、材料种类 4. 面层厚度、砂浆配合比	米 ^{2}	按设计图示尺寸以面积计算，扣除凸出地面构筑物、设备基础、铁道、地沟等所占面积，不扣除间壁墙和 0.3m ^{2} 以内的柱、垛、附墙烟囱及孔洞所占面积	1. 基层清理 2. 垫层铺设 3. 抹找平层 4. 防水铺设 5. 抹面层 6. 材料运输
现浇水磨石楼地面	1. 垫层材料种类、厚度 2. 找平层厚度、砂浆配合比 3. 防水层厚度、材料种类 4. 面层厚度、水泥石子浆配合比 5. 嵌条材料种类、规格 6. 石子种类、规格、颜色 7. 颜料种类、颜色			1. 基层清理 2. 垫层铺设 3. 抹找平层 4. 防水铺设 5. 面层铺设 6. 嵌缝条安装 7. 磨光、酸洗、打蜡
细石混凝土楼地面	1. 垫层材料种类、厚度 2. 找平层厚度、砂浆配合比 3. 防水层厚度、材料种类 4. 面层厚度、混凝土强度等级			1. 基层清理 2. 垫层铺设 3. 抹找平层 4. 防水铺设 5. 面层铺设 6. 材料运输
菱苦土楼地面	1. 垫层材料种类、厚度 2. 找平层厚度、砂浆配合比 3. 防水层厚度、材料种类 4. 面层厚度 5. 打蜡要求			1. 基层清理 2. 垫层铺设 3. 抹找平层 4. 防水铺设 5. 面层铺设 6. 打蜡 7. 材料运输

2. 块料面层

块料面层包括石材楼地面、碎石材楼地面、块料楼地面等，它们的工程量清单项目的设置、项目特征描述的内容、计量单位、工程量计算规则可参考表7-2。

表7-2 块料面层

项目名称	项目特征	计量单位	工程量计算规则	工程内容
石材楼地面	1. 垫层材料种类、厚度 2. 找平层厚度、砂浆配合比 3. 防水层材料种类 4. 填充材料种类、厚度 5. 结合层厚度、砂浆配合比 6. 面层材料种类、规格 7. 嵌缝材料种类 8. 防护层材料种类 9. 酸洗、打蜡要求	米^2	按设计图示尺寸以面积计算。扣除凸出地面构筑物、设备基础、铁道、地沟等所占面积，不扣除间壁墙和0.3米^{2}以内的柱、垛，附墙烟囱及孔洞所占面积。门洞、空圈、暖气包槽、壁龛的开口部分不增加面积	1. 基层清理 2. 防水层铺设 3. 面层铺设 4. 嵌缝 5. 刷防护材料
块料楼地面				

3. 橡塑面层

橡塑面层包括塑料卷材楼地面、橡胶板卷材楼地面、塑料板楼地面、橡胶板楼地面等，它们的工程量清单项目的设置、项目特征描述的内容、计量单位、工程量计算规则可参考表7-3。

表7-3 橡塑面层

项目名称	项目特征	计量单位	工程量计算规则	工程内容
橡胶板楼地面	1. 找平层厚度、砂浆配合比 2. 填充材料种类、厚度 3. 黏结层厚度，材料种类 4. 面层材料品种、规格、品牌、颜色 5. 压线条种类	米^2	按设计图示尺寸以面积计算。门洞、空圈、暖气包槽的开口部分并入相应的工程量内	1. 基层清理 2. 铺设填充层 3. 面层铺贴 4. 压缝条装订 5. 材料运输
橡胶卷材楼地面				
塑料板楼地面				
塑料卷材楼地面				

4. 其他材料面层

其他材料面层包括地毯楼地面、竹木地板、金属复合地板、防静电活动地板等，它们的工程量清单项目的设置、项目特征、计量单位、工程量计算规则可参考表7-4。

表7-4 其他材料面层

项目名称	项目特征	计量单位	工程量计算规则	工程内容
楼地面地毯	1. 找平层厚度、砂浆配合比 2. 填充材料种类、厚度 3. 防护层材料种类 4. 黏结材料种类 5. 压线条种类 6. 面层材料种类、规格	米^2	按设计图示尺寸以面积计算，门洞、空圈、暖气包槽的开口部分并入相应的工程量内	1. 基层清理 2. 铺设填充层 3. 铺贴面层 4. 刷防护材料 5. 装订压条 6. 材料运输
竹木地板	1. 找平层厚度、砂浆配合比 2. 填充材料种类、厚度 3. 龙骨材料种类、规格 4. 基层材料种类、规格 5. 面层材料种类、规格 6. 黏结材料种类 7. 防护层材料种类 8. 油漆品种、刷漆遍数			1. 基层清理 2. 铺设填充层 3. 龙骨铺设 4. 铺设基层 5. 面层铺贴 6. 刷防护材料 7. 材料运输

续表

<table>
<tr><th>项目名称</th><th>项目特征</th><th>计量单位</th><th>工程量计算规则</th><th>工程内容</th></tr>
<tr><td>防静电活动地板</td><td>1. 找平层厚度、砂浆配合比
2. 防护层材料种类、厚度
3. 支架高度、材料种类
4. 面层材料种类、规格
5. 防护材料种类</td><td rowspan="2">米^2</td><td rowspan="2">按设计图示尺寸以面积计算，门洞、空圈、暖气包槽的开口部分并入相应的工程量内</td><td>1. 基层清理
2. 铺设填充层
3. 固定支架安装
4. 活动面层安装
5. 刷防护材料
6. 材料运输</td></tr>
<tr><td>金属复合地板</td><td>1. 找平层厚度、砂浆配合比
2. 防护层材料种类、厚度
3. 龙骨材料种类、规格
4. 面层材料种类、规格
5. 基层材料种类、规格
6. 防护材料种类</td><td>1. 基层清理
2. 铺设填充层
3. 龙骨铺设
4. 基层铺设
5. 面层铺贴
6. 刷防护材料
7. 材料运输</td></tr>
</table>

补充要点

非关键项目的计算要精确

在工程量计算中，很多项目并不被人关注，如踢脚线、收边条等，由于工程量小，计算人员并没有认真测量，导致工程量计算失误，最终的价格也不准确，在实际施工中可能造成亏损，于是最终导致这些施工项目很粗糙，给投资方与自己带来损失。

非关键项目一定要计算精确，虽然单价与总价都很低，但是也要把它当作主要项目对待，这些非关键项目由于金额比较低，所以在审核的时候，一眼就能看出是否存在误差。

5. 踢脚线

踢脚线包括水泥砂浆踢脚线、石材踢脚线、块料踢脚线、塑料板踢脚线、木质踢脚线、金属踢脚线、防静电踢脚线等，它们的工程量清单项目的设置、项目特征、计量单位、工程量计算规则可参考表7-5。

表7-5 踢脚线

<table>
<tr><th>项目名称</th><th>项目特征</th><th>计量单位</th><th>工程量计算规则</th><th>工程内容</th></tr>
<tr><td>水泥砂浆踢脚线</td><td>1. 踢脚线高度
2. 底层厚度、砂浆配合比
3. 面层厚度、砂浆配合比</td><td rowspan="3">米^2</td><td rowspan="3">按设计图示长度乘以高度计算面积</td><td rowspan="3">1. 基层清理
2. 底层抹灰
3. 面层铺贴
4. 勾缝
5. 磨光、酸洗、打蜡
6. 刷防护材料
7. 材料运输</td></tr>
<tr><td>石材踢脚线</td><td rowspan="2">1. 踢脚线高度
2. 底层厚度、砂浆配合比
3. 粘结层厚度、材料种类
4. 面层材料品种、规格、品牌、颜色
5. 勾缝材料种类
6. 防护材料种类</td></tr>
<tr><td>块料踢脚线</td></tr>
</table>

续表

项目名称	项目特征	计量单位	工程量计算规则	工程内容
现浇水磨石踢脚线	1. 踢脚线高度 2. 底层厚度、砂浆配合比 3. 面层厚度、水泥石子浆配合比 4. 石子种类、规格、颜色 5. 颜料种类、颜色 6. 磨光、酸洗、打蜡要求	米^2	按设计图示长度乘以高度计算面积	1. 基层清理 2. 底层抹灰 3. 面层铺贴 4. 勾缝 5. 磨光、酸洗、打蜡 6. 刷防护材料 7. 材料运输
塑料板踢脚线	1. 踢脚线高度 2. 底层厚度、砂浆配合比 3. 粘结层厚度、材料种类 4. 面层材料品种、规格、品牌、颜色			1. 基层清理 2. 底层抹灰 3. 基层铺贴 4. 面层铺贴 5. 刷防护材料 6. 刷油漆
木质踢脚线	1. 踢脚线高度 2. 底层厚度、砂浆配合比 3. 粘结层厚度、材料种类 4. 防护材料种类 5. 面层材料品种、规格 6. 油漆品种、刷漆遍数			
金属踢脚线				

6. **楼梯装饰**

楼梯面层包括石材楼梯面层、块料楼梯面层、拼碎块料面层、水泥砂浆楼梯面层、现浇水磨石楼梯面层、地毯楼梯面层、橡胶板楼梯面层和塑料板楼梯面层等，它们的工程量清单项目的设置、项目特征描述的内容、计量单位、工程量计算规则可参考表7-6。

表7-6　　楼梯装饰

项目名称	项目特征	计量单位	工程量计算规则	工程内容
石材楼梯面层	1. 找平层厚度、砂浆配合比 2. 粘结层厚度、材料种类 3. 面层材料品种、规格、品牌 4. 防滑条材料种类、规格 5. 勾缝材料种类 6. 防护层材料种类 7. 酸洗、打蜡要求	米^2	按设计图示尺寸以楼梯（包括踏步、休息平台及500毫米以内的楼梯井）水平投影面积计算。楼梯与楼地面相连时，算至梯口梁内侧边沿；无梯口梁者，算至最上一层踏步边沿加300毫米	1. 基层清理 2. 抹找平层 3. 面层铺贴 4. 贴嵌防滑条 5. 勾缝 6. 刷防护材料 7. 酸洗、打蜡 8. 材料运输
块料楼梯面层				
水泥砂浆楼梯面层	1. 找平层厚度砂浆配合比 2. 面层厚度、砂浆配合比 3. 防滑条材料种类、规格			1. 基层清理 2. 抹找平层 3. 抹面层 4. 抹防滑条
现浇水磨石楼梯面	1. 找平层厚度、砂浆配合比 2. 面层厚度，水泥石子浆配合比 3. 防滑条材料种类、规格 4. 石子种类、规格、颜色 5. 颜料种类、颜色 6. 磨光、酸洗、打蜡要求			1. 基层清理 2. 抹找平层 3. 抹面层 4. 贴嵌防滑条 5. 磨光、酸洗、打蜡 6. 材料运输

续表

项目名称	项目特征	计量单位	工程量计算规则	工程内容
地毯楼梯面	1. 基层种类 2. 找平层厚度、砂浆配合比 3. 面层材料品种、规格、品牌、颜色 4. 防护材料种类 5. 黏结材料种类	米^2	按设计图示尺寸以楼梯（包括踏步、休息平台及500毫米以内的楼梯井）水平投影面积计算。楼梯与楼地面相连时，算至梯口梁内侧边沿；无梯口梁者，算至最上一层踏步边沿加300毫米	1. 基层清理 2. 抹找平层 3. 铺贴面层 4. 固定配件安装 5. 刷防护材料

7. 台阶装饰

台阶装饰包括石材台阶面、块料台阶面、拼碎块料台阶面，水泥砂浆台阶面、现浇水磨石台阶面和剁假石台阶面等，它们的工程量清单项目的设置、项目特征描述的内容、计量单位、工程量计算规则可参考表7-7。

表7-7 台阶装饰

项目名称	项目特征	计量单位	工程量计算规则	工程内容
石材台阶面 块料台阶面	1. 垫层材料种类厚度 2. 找平层厚度、砂浆配合比 3. 粘结层材料种类 4. 面层材料品种、规格、品牌、颜色 5. 勾缝材料种类 6. 防滑条材料种类、规格 7. 防护材料种类	米^2	按设计图示尺寸以台阶水平投影面积计算	1. 基层清理 2. 铺设垫层 3. 抹找平层 4. 面层铺贴 5. 贴嵌防滑条 6. 勾缝 7. 刷防护材料 8. 材料运输
水泥砂浆台阶面	1. 垫层材料种类、厚度 2. 找平层厚度. 砂浆配合比 3. 面层厚度、砂浆配合比 4. 防滑条材料种类			1. 清理基层 2. 铺设垫层 3. 抹找平层 4. 抹面层
现浇水磨石台阶面	1. 垫层材料种类厚度 2. 找平层厚度、砂浆配合比 3. 面层厚度、水泥石子浆配合比 4. 防滑条材料种类、规格 5. 石子种类、规格、颜色 6. 颜料种类、颜色 7. 磨光、酸洗、打蜡要求			1. 清理基层 2. 铺设垫层 3. 抹找平层 4. 抹面层 5. 贴嵌防滑条 6. 打磨、酸洗、打蜡 7. 材料运输
剁假石台阶面	1. 垫层材料种类、厚度 2. 找半层厚度、砂浆配合比 3. 面层厚度、砂浆配合比 4. 剁假石要求			1. 清理基层 2. 铺设垫层 3. 抹找平层 4. 抹面层

8. 零星装饰项目

零星装饰项目包括石材零星项目、拼碎石材零星项目、块料零星项目和水泥砂浆零星项目等，它们的工程量清单项目的设置、项目特征描述的内容、计量单位、工程量计算规则可参考表7-8。

表7-8 零星装饰

<table>
<tr><th>项目名称</th><th>项目特征</th><th>计量单位</th><th>工程量计算规则</th><th>工程内容</th></tr>
<tr><td>石材零星项目</td><td rowspan="3">1. 工程部位
2. 找平层厚度、砂浆配合比
3. 贴结合层厚度、材料种类
4. 面层材料品种、规格品牌、颜色
5. 勾缝材料种类
6. 防护材料种类
7. 酸洗、打蜡要求</td><td rowspan="4">米^2</td><td rowspan="4">按设计图示尺寸以面积计算</td><td rowspan="3">1. 清理基层
2. 抹找平层
3. 面层铺贴
4. 勾缝
5. 刷防护材料
6. 酸洗、打蜡
7. 材料运输</td></tr>
<tr><td>碎拼石材零星项目</td></tr>
<tr><td>块料零星项目</td></tr>
<tr><td>水泥砂浆零星项目</td><td>1. 工程部位
2. 找平层厚度、砂浆配合比
3. 面层厚度、砂浆厚度</td><td>1. 清理基层
2. 抹找平层
3. 抹面层
4. 材料运输</td></tr>
</table>

三、楼地面工程量的计算规则

1. 楼地面

（1）计算规则。楼地面装饰面积按饰面的净面积计算，不扣除0.1米^{2}以内的孔洞所占的面积，拼花部分按实贴面积计算。

（2）计算规则及计算方法说明

①“楼地面装饰饰面的净面积”是指除结构面积以外的净面积、室外使用面积或辅助面积，一般是以净长与净宽之积计算的，室外按图示尺寸以实铺面积计算。

②“不扣除0.1米^{2}以内的孔洞所占的面积”是指穿过楼地面的上、下水管道等所占的面积，其面积往往小于0.1米^2，这里所指的“0.1米^{2}以内”是指孔洞面积小于等于0.1米^2，如果孔洞面积大于0.1米^2，则需要被扣除。

③“拼花部分”是指为了达到一定的装饰效果，在商场、酒店等公用建筑的大厅或民用建筑的起居室等处采用不同的天然石材种类和不同的颜色拼成的完整装饰图案，定额按成品考虑。

④不同的材质和结构做法不同，应分开列项计算。

（3）计算公式：

楼地面装饰面层净面积 = 房间净长 × 房间净宽 − 柱垛及0.1米^{2}以上的孔洞所占的面积 + 门、空圈、暖气包槽、壁龛开口面积、拼花部分面积 = 实际拼贴的完整图案的总面积。

拼花部分面积一般为圆形或方形。

2. 楼梯

（1）计算规则。楼梯面积（包括踏步、休息平台以及小于500毫米宽的楼梯井）按水平投影面积计算。

（2）计算规则说明：

①“楼梯面积按水平投影面积计算”是指为简化计算，不按楼梯的踢面、踏面展开，而是以楼梯间踏步、休息平台及小于500毫米宽的楼梯井的水平平面面积计算，计算时分三种情况：

第一种，有走道墙的，楼梯与走道的分界线以走道墙的边线为界。

第二种，无走道墙有梯口梁的，以梯口梁为界，楼梯面积包括梯口梁。

第三种，无走道墙且无梯口梁的，以最上一层踏步外沿300毫米为界。

②“休息平台”是指楼梯“一跑”与“另一跑”之间歇脚的平台（图7-1）。

图7-1 楼梯井

③“楼梯井”是指楼梯两跑之间转弯时结构设计的空隙。其宽度小于或等于500毫米时，楼梯工程量不需要扣除该部分投影面积；当其宽度大于500毫米时，则需要被扣除。

（3）计算公式：

①直形楼梯（图7-2）。

直形楼梯水平投影面积＝（楼梯间长度×楼梯间宽度－500毫米以上宽的楼梯井投影面积）×n

在该公式中，n为楼层数量。

②弧形楼梯（图7-3）。

弧形楼梯水平投影面积＝$\pi \times (R^2 \geqslant r^2)$

此公式中，r为梯井半径，大于250毫米；R为螺旋楼梯半径。

3. 台阶

（1）计算规则。台阶面层（包括踏步及最上一层踏步沿30米）按水平投影面积计算。

图7-3 弧形楼梯

图7-2 直行楼梯

（2）计算规则说明。

①“台阶面层按水平投影面积计算”是指为简化计算，不按台阶的踢面、踏面展开，而是以台阶的水平投影面积计算。

②“包括踏步及最上一层踏步沿300毫米”是指台阶的水平投影长度的取定，除台阶本身的踏步投影长度以外还要加上最上层外延的300毫米。

③台阶的宽度指台阶的设计净宽度，不包括梯带、牵边、花池等。

（3）计算公式。

台阶面层面积＝（台阶的水平投影长度+300毫米）×台阶宽度

4. 踢脚线（图7-4）

（1）计算规则踢脚线按实贴长乘高以平方米计算，成品踢脚线按实贴延长米计算。楼梯赐脚线按相应定额乘以系数1.15。

图7-4 踢脚线

（2）计算规则说明。

①踢脚线分两种情况计算，一种是成品踢脚线，按长度计算，另一种是非成品踢脚线，按面积计算。

②楼梯踏步处考虑锯齿形及斜长消耗，故楼梯踏步部分踢脚线工程量以水平投影长度乘以系数1.15计算。

（3）计算公式。

①成品踢脚线：

楼地面成品踢脚线长度＝实贴延长米

楼梯成品踢脚线长度＝实贴延长米×1.15

②非成品踢脚线：

楼地面非成品踢脚线面积＝实贴延长米×高

楼梯非成品踢脚线长度＝实贴延长米×高×1.15

5. 零星项目

（1）计算规则。零星项目按实铺面积计算。

（2）计算规则说明：

①“零星项目”是指面积在1米^{2}以内且定额中未列项目的工程以及一些施工复杂、工料耗用量相比较多的项目。

②楼梯侧面，台阶牵边、小便池，蹲台、池槽等的面层工程量属于零星项目。

（3）计算公式：

零星项目工程量＝Σ各分项工程展开面积

6. 点缀

（1）计算规则。点缀按个计算，计算主体铺贴地面面积时，不扣除点缀所占面积。

（2）计算规则说明：

①点缀是指镶拼面积小于0.015米^{2}的石材地面。

②因点缀面积太小，而且镶贴复杂，所以在计算主体铺贴地面面积时不予扣除，且镶贴点缀另列项计算。

（3）计算公式：

点缀＝镶拼个数

7. 栏杆、拦板、扶手、弯头

（1）计算规则。栏杆、拦板、扶手均按其中心线长度以延长米计算，计算扶手时不扣除弯头所占长度。弯头按个计算。

（2）计算规则说明。

①定额中规定的不同材质的“栏杆、拦板、扶手”的截面积已定，长度上发生变化，因此以延长米计算。

②弯头是楼梯转弯处的结构构件，计算扶手时其长度不需扣除，弯头工程量另算。

（3）计算方法。

①栏杆、拦板、扶手工程量＝栏杆、拦板、扶手中心线的实际长度。

②弯头按个计算，一个转弯一般有一个或两个弯头，根据设计图纸确定。

8. 石材底面

（1）计算规则石材底面刷养护液按底面面积加4个侧面面积，以米^{2}计算。

（2）计算公式。

石材底面刷养护液面积＝$a\times b+(a+b)\times 2\times$石材厚度

该公式中，a为石材长度、b为石材宽度。

第三节　墙、柱面工程

一、墙、柱面基本内容

墙柱面装饰工程包括一般抹灰、装饰抹灰、镶贴块料面层及墙柱面装饰等内容。

一般抹灰指使用石灰砂浆、水泥砂浆、混合砂浆和其他砂浆对内、外墙面和柱面粉刷，根据抹灰材料、抹灰部位、抹灰遍数和基层等分项。

装饰性抹灰和镶贴块料按面层材料、基层、粘贴材料等分项。

墙柱面装饰适用于隔墙、隔断、墙柱面的龙骨、面层、饰面、木作等工程。

墙柱面装饰内容包括单列的龙骨基层和面层，以及综合龙骨及饰面的墙柱装饰项目。龙骨材料有木龙骨、轻钢龙骨、铝合金龙骨等（图7-5、图7-6）。

图7-5　木龙骨

图7-6　铝合金龙骨与木龙骨

二、墙、柱面清单工程量的清单计算

1. 墙柱面抹灰工程

墙面抹灰。墙面抹灰包括墙面一般抹灰、墙面装饰抹灰、墙面勾缝和立面砂浆找平层等，它们的工程量清单项目的设置、项目特征描述的内容、计量单位、工程量计算规则可参考表7-9。

表7-9　墙面抹灰

项目名称	项目特征	计量单位	工程量计算规则	工程内容
墙面一般抹灰 墙面装饰抹灰	1. 墙体类型 2. 底层厚度、砂浆配合比 3. 面层厚度、砂浆配合比 4. 装饰面材料种类 5. 分格缝宽度、材料种类	米^2	按设计图示尺寸以面积计算，扣除墙裙、门窗洞口及单个0.3m^{2}的孔洞面积，不扣除踢脚线、挂镜线和墙与构件交接处的面积，门窗洞口和孔洞的侧壁及顶面不增加面积。附墙柱、梁、垛，烟囱侧壁并入相应的墙面面积内	1. 基层清理 2. 砂浆制作、运输 3. 底层抹灰 4. 抹面层 5. 抹装饰面 6. 勾分格缝

续表

项目名称	项目特征	计量单位	工程量计算规则	工程内容
墙面勾缝	1. 墙体类型 2. 勾缝类型 3. 勾缝材料种类	米^2	1. 外墙抹灰面积按外墙垂直投影面积计算。 2. 外墙裙抹灰面积按其长度乘以高度计算。 3. 内墙抹灰面积按主墙间的净长乘以高度计算： （1）无墙裙的，高度按楼地面至天棚底面计算。 （2）有墙裙的，高度按墙裙顶至天棚底面计算。 4. 内墙裙抹灰面按内墙净长乘以高度计算	1. 基层清理 2. 砂浆制作、运输 3. 勾缝

2. 柱面抹灰

柱面抹灰包括柱面一般抹灰、柱面装饰抹灰、柱面勾缝和柱砂浆找平层等，它们的工程量清单项目的设置、项目特征描述的内容、计量单位、工程量计算规则可参考表7-10。

表7-10　　柱面抹灰

项目名称	项目特征	计量单位	工程量计算规则	工程内容
柱面一般抹灰	1. 柱体类型 2. 底层厚度、砂浆配合比 3. 面层厚度、砂浆配合比 4. 装饰面材料种类 5. 分格缝宽度、材料种类	米^2	按设计图示柱断面周长乘以高度以面积计算	1. 基层清理 2. 砂浆制作、运输 3. 底层抹灰 4. 抹面层 5. 抹装饰面 6. 勾分格缝
柱面装饰抹灰				
柱面勾缝	1. 墙体类型 2. 勾缝类型 3. 勾缝材料种类			1. 基层清理 2. 砂浆制作、运输 3. 勾缝

3. 零星抹灰

零星抹灰包括零星项目一般抹灰，零星项目装饰抹灰等，它们的工程量清单项目的设置、项目特征描述的内容、计量单位、工程量计算规则可参考表7-11。

表7-11　　零星抹灰

项目名称	项目特征	计量单位	工程量计算规则	工程内容
零星项目一般抹灰	1. 墙体类型 2. 底层厚度、砂浆配合比 3. 面层厚度、砂浆配合比 4. 装饰面材料种类 5. 分格缝宽度、材料种类	米^2	按图示尺寸以面积计算	1. 基层清理 2. 砂浆制作、运输 3. 底层抹灰 4. 抹面层 5. 抹装饰面 6. 勾分格缝
零星项目装饰抹灰				

4. 墙面镶贴块料

墙面镶贴块料面层包括石材墙面、碎拼石材墙面、块料墙面和干挂石材钢骨架等。它们的工程量清单项目的设置、项目特征描述的内容、计量单位、工程量计算规则可参考表7-12。

表7-12 墙面镶贴块料

项目名称	项目特征	计量单位	工程量计算规则	工程内容
石材墙面 碎拼石材墙面 块料墙面	1. 墙体类型 2. 底层厚度、砂浆配合比 3. 贴结层厚度、材料种类 4. 挂贴方式 5. 干挂方式（膨胀螺栓、钢龙骨） 6. 面层材料品种、规格、品牌、颜色 7. 缝宽、嵌缝材料种类 8. 防护材料种类 9. 磨光、酸洗、打蜡要求	米^2	按图示尺寸以镶贴表面积计算	1. 基层清理 2. 砂浆制作、运输 3. 底层抹灰 4. 结合层铺贴 5. 面层铺贴 6. 面层挂贴 7. 面层干挂 8. 嵌缝 9. 刷防护材料 10. 磨光、酸洗、打蜡
干挂石材钢骨架	1. 骨架种类、规格 2. 油漆品种、刷油遍数		按图示尺寸以质量计算	1. 骨架制作、运输，安装 2. 骨架油漆

补充要点

正确选择工程量项目

对于基础界面，如顶面、墙面、地面等装饰项目，在定额标准中有很多选项，不同的施工工艺与材料搭配，价格不同，计算方法不同，要做到准确计算，就必须预先读懂、读透图纸。应当熟悉材料与施工工艺，熟悉图纸设计绘制，熟悉业务公关与市场行情。正确选择工程量项目，表面上是在做文职工作，其实是在做实践操作，选择工程量项目的过程，其实是在预算人员自己的大脑中，将整个施工流程全部演绎一遍，确定好材料搭配与施工工艺，才能准确选择工程量项目。

5. 柱面镶贴块料

柱面镶贴块料包括石材柱面、块料柱面、碎拼石材柱面等，它们的工程量清单项目的设置、项目特征描述的内容、计量单位、工程量计算规则可参考表7-13。

表7-13 柱面镶贴块料

项目名称	项目特征	计量单位	工程量计算规则	工程内容
石材柱面 碎拼石材柱面 块料柱面	1. 柱体材料 2. 柱截面类型、尺寸 3. 底层厚度、砂浆配合比 4. 粘结层厚度、材料种类 5. 挂贴方式 6. 干贴方式 7. 面层材料品种、规格、品牌，颜色 8. 缝宽、嵌缝材料种类 9. 防护材料种类 10. 磨光、酸洗、打蜡要求	米^2	按图示尺寸以镶贴表面积计算	1. 基层清理 2. 砂浆制作、运输 3. 底层抹灰 4. 结合层铺贴 5. 面层铺贴 6. 面层挂贴 7. 面层干挂 8. 嵌缝 9. 刷防护材料 10. 磨光、酸洗、打蜡

续表

项目名称	项目特征	计量单位	工程量计算规则	工程内容
石材梁面 块料梁面	1. 底层厚度．砂浆配合比 2. 粘结层厚度、材料种类 3. 面层材料品种、规格、品牌，颜色 4. 缝宽、嵌缝材料种类 5. 防护材料种类 6. 磨光、酸洗、打蜡要求	米^2	按图示尺寸以镶贴表面积计算	1. 基层清理 2. 砂浆制作、运输 3. 底层抹灰 4. 结合层铺贴 5. 面层铺贴 6. 面层挂贴 7. 嵌缝 8. 刷防护材料 9. 磨光、酸洗、打蜡

6. 镶贴零星块料

镶贴零星块料包括石材零星项目、块料零星项目和碎拼零星项目等，它们的工程量清单项目的设置、项目特征描述的内容、计量单位、工程量计算规则可参考表7-14。

表7-14 镶贴零星块料

项目名称	项目特征	计量单位	工程量计算规则	工程内容
石材零星项目 碎拼石材零星项目 块料零星项目	1. 柱、墙体类型 2. 底层厚度、砂浆配合比 3. 粘结层厚度、材料种类 4. 挂贴方式 5. 干挂方式 6. 面层材料品种、规格、品牌、颜色 7. 缝宽、嵌缝材料种类 8. 防护材料种类 9. 磨光、酸洗、打蜡要求	米^2	按设计图示尺寸以镶贴表面积计算	1. 基层清理 2. 砂浆制作、运输 3. 底层抹灰 4. 结合层铺贴 5. 面层铺贴 6. 面层挂贴 7. 面层干挂 8. 嵌缝 9. 刷防护材料 10. 磨光、酸洗、打蜡

7. 墙柱面饰面

墙柱面饰面板主要包括木质板材饰面板、金属板材饰面等，它们的工程量清单项目的设置、项目特征描述的内容、计量单位、工程量计算规则可参考表7-15。

表7-15 墙柱面饰面

项目名称	项目特征	计量单位	工程量计算规则	工程内容
装饰板墙面	1. 墙体类型 2. 底层厚度、砂浆配合比 3. 龙骨材料种类、规格、中距 4. 隔离层材料种类、规格 5. 基层材料种类、规格 6. 面层材料品种、规格、品牌、颜色 7. 压条材料种类、规格 8. 防护材料种类 9. 油漆品种、刷漆遍数	米^2	按设计图示墙净长乘以净高以面积计算。扣除门窗洞口及单个0.3m^{2}以上的孔洞所占面积	1. 基层清理 2. 砂浆制作、运输 3. 底层抹灰 4. 龙骨制作、运输、安装 5. 钉隔离层 6. 基层铺钉 7. 面层铺贴 8. 刷防护材料、油漆

8. 幕墙

幕墙工程主要包括带骨架幕墙和全玻幕墙等，它们的工程量清单项目的设置、项目特征描述的内容、计量单位、工程量计算规则可参考表7-16。

表7-16 幕墙

项目名称	项目特征	计量单位	工程量计算规则	工程内容
带骨架幕墙	1. 骨架材料、种类、规格 2. 面层材料种类、规格、品种、颜色 3. 面层固定方式 4. 嵌缝、塞口材料种类	米^2	按设计图示框外围尺寸以面积计算，与幕墙同种材质的窗所占面积不扣除	1. 骨架制作、运输、安装 2. 面层安装 3. 嵌缝、塞口 4. 清洗
全玻幕墙	1. 玻璃品种、规格、品牌、颜色 2. 粘结塞口方式 3. 固定方式		按设计图示尺寸以面积计算，带肋全玻幕墙按展开面积计算	1. 幕墙安装 2. 嵌缝、塞口 3. 清洗

9. 隔断

隔断工程主要包括木隔断、玻璃隔断、塑料隔断和成品隔断等，它们的工程量清单项目的设置、项目特征描述的内容、计量单位、工程量计算规则可参考表7-17。

表7-17 隔断

项目名称	项目特征	计量单位	工程量计算规则	工程内容
木隔断	1. 骨架、边框材料种类、规格 2. 隔板材料品种、规格、颜色 3. 嵌缝、塞口材料品种 4. 压条材料种类	米^2	按设计图示框外围尺寸以面积计算，不扣除单个≤0.3米^{2}的孔洞所占面积；浴厕门的材质与隔断相同时，门的面积并入隔断面积内	1. 骨架及边框制作、运输、安装 2. 隔板制作、运输、安装 3. 嵌缝、塞口 4. 装订压条
玻璃隔断	1. 边框材料种类、规格 2. 玻璃品种、规格、颜色 3. 嵌缝、塞口材料品种		按设计图示框外围尺寸以面积计算，不扣除单个≤0.3米^{2}的孔洞所占面积	1. 边框制作、运输、安装 2. 玻璃制作、运输、安装 3. 嵌缝、塞口
塑料隔断	1. 边框材料种类、规格 2. 隔板材料品种、规格、颜色 3. 嵌缝、塞口材料品种			1. 骨架及边框制作、运输、安装 2. 隔板制作、运输、安装 3. 嵌缝、塞口
成品隔断	1. 隔断材料品种、规格、颜色 2. 配件品种、规格	1. 米^2 2. 间	1. 按设计图示框外围尺寸以面积计算 2. 按设计间的数量以间计算	1. 隔断运输、安装 2. 嵌缝、塞口
其他隔断	1. 骨架、边框材料种类、规格 2. 隔板材料品种、规格、颜色 3. 嵌缝、塞口材料品种	米^2	按设计图示框外围尺寸以面积计算。不扣除单个≤0.3米^{2}的孔洞所占面积	1. 骨架及边框安装 2. 隔板安装 3. 嵌缝、塞口

三、墙、柱面工程量的计算规则

1. 内墙抹灰工程量

（1）内墙抹灰以米^{2}计算。计算时，应扣除门窗洞口和空圈所占的面积，不扣除踢脚板、挂镜线、单个面积在0.3米^{2}以内的孔洞和墙与构件交接处的面积，洞侧壁和顶面也不增加。墙垛和附墙烟囱侧壁面积与内墙抹灰工程量合并计算。抹灰面积等于涂刷面积。

（2）内墙面抹灰的长度。以主墙间的图示净长尺寸计算，其高度确定见表7-18。

表7-18 内墙面抹灰的高度确定

项目	说明
无墙裙	其高度按地面或楼面至天棚底面之间距离计算
有墙裙	其高度按墙裙顶至天棚底面之间距离计算
有天棚	其高度至天棚底面另加100毫米计算

（3）内墙裙抹灰面积。按内墙净长乘以高度计算（扣除或不扣除面积同内墙抹灰）。

2. 外墙面装饰抹灰面积

（1）计算规则。按垂直投影面积计算，扣除门窗洞口和0.3米^{2}以上的孔洞所占的面积，门窗洞口及孔洞侧壁面积也不增加。附墙柱侧面抹灰面积并入外墙抹灰面积工程量内。

（2）计算规则说明：

①“外墙面装饰抹灰的垂直投影面积”是指外墙的外边线与檐高的乘积。

②外墙各种装饰抹灰均按图示尺寸以实抹面积计算。

③“扣除门窗洞口和0.3米^{2}以上的孔洞所占的面积，门窗洞口及孔洞侧壁面积也不增加”是指为了简化计算，小于（包括等于）0.3米^{2}的孔洞所占的面积、门窗洞口及孔洞侧壁的工、料、机耗用量已综合考虑在定额分项中，因此，不需增加计算这部分面积。其中“门窗洞口及孔洞侧壁”是指做法与外墙相同，沿墙的厚度方向的一半的部分。

④“附墙柱侧面抹灰面积”指部分嵌在墙中并有一部分突出墙面的柱的两侧的面积。

（3）计算公式：

外墙面装饰抹灰面积＝外墙外边线×檐高－门窗洞口和0.3米^{2}以上的孔洞所占的面积＋附墙柱侧面抹灰面积

外墙裙装饰抹灰面积＝外墙外边线×墙裙高度－门窗洞口和0.3米^{2}以上的孔洞所占的面积＋附墙柱侧面抹灰面积

3. 柱面装饰

（1）计算规则。柱抹灰按结构断面周长乘以高度计算，柱饰面面积按外围饰面尺寸乘以高度计算。

（2）计算规则说明。

①“结构断面周长”是指建筑施工图纸所标注的图示尺寸。

②“柱饰面外围饰面尺寸”是指装饰施工图纸所标注的尺寸，即装饰饰面成活尺寸。

③除零星项目的柱墩、柱帽项目外，其他项目的柱墩、柱帽工程量按设计图示尺寸以展开面积计算，并入相应柱面积内。“零星项目的柱墩、柱帽项目”是指挂贴大理石、花岗岩项目中的零星项目，按“米”计算。

④按实贴面积计算。比如与梁交接处面积应予扣除。

（3）计算公式。

柱抹灰工程量＝（$a+b$）×2×h

该公式中，a、b分别表示柱结构尺寸；h为柱高。

柱装饰饰面工程量＝（$a+b$）×2×h

该公式中，a、b分别表示柱饰面成活尺寸；h为柱高。

4. 女儿墙、阳台栏板内侧装饰抹灰（图7-7）

（1）计算规则。女儿墙（包括泛水、挑砖）、阳台栏板（不扣除花格所占孔洞面积）内侧抹灰按垂直投影面积乘以系数1.30，按墙面定额执行。

（2）计算规则说明。

①“女儿墙内侧垂直投影面积”是指女儿墙内墙长和墙高的乘积，泛水、挑砖部分不展开，压顶部分需另列项计算。

②“阳台栏板内侧垂直投影面积”是指阳台栏板内侧与栏板高度的乘积，花格所占孔洞面积已由系数综合考虑了，不予扣除，压顶或扶手需另列项计算。

（3）计算公式。

女儿墙装饰抹灰工程量＝$L\times h$

该公式中，L为女儿墙内墙周长；h为女儿墙高。

阳台栏板内饰抹灰工程量＝$L\times h$

该公式中，L为阳台栏板内侧周长；h为栏板高。

5. 装饰抹灰分格、嵌缝

（1）计算规则。装饰抹灰分格、嵌缝按装饰抹灰面面积计算。

（2）计算规则说明。装饰抹灰分格、嵌缝是为了达到施工质量要求及美化墙面而做的构造，以装饰抹灰面积进行计算。

（3）计算公式。

装饰抹灰分格、嵌缝工程量＝墙长×墙高

6. 墙面贴块料面层

（1）计算规则。墙面贴块料面层，按实贴面积计算。

（2）计算规则说明。

①“实贴面积”是指按图示尺寸，扣除门窗洞口和0.3米^{2}以上的孔洞所占的面积，增加门窗洞口及孔洞侧壁面积。

②墙面贴块料、饰面高度在300毫米以内者，按楼地面工程中踢脚板定额执行。

③本条规则适用于外墙和内墙。

（3）计算公式。

外墙块料面层面积＝外墙外边线×檐高－门窗洞口和0.3米^{2}以上的孔洞所占的面积＋附墙柱侧面

（a） （b）

图7-7 女儿墙

实贴面积＋门窗洞口侧面面积

外墙裙块料面层面积＝外墙外边线×墙裙高－门窗洞口和0.3米^{2}以上的孔洞所占的面积＋附墙柱侧面实贴面积＋门窗洞口侧面面积

内墙块料面层面积＝内墙净长线×净高－门窗洞口和0.3米^{2}以上的孔洞所占的面积＋附墙柱侧面实贴面积＋门窗洞口侧面面积

内墙裙块料面层面积＝内墙净长线×墙裙高－门窗洞口和0.3米^{2}以上的孔洞所占的面积＋附墙柱侧面实贴面积＋门窗洞口侧面面积

7. 零星项目

（1）计算规则。零星项目按设计图示尺寸以展开面积计算，但属其他零星项目的挂贴花岗岩、大理石柱墩、柱帽按最大外径周长计算。

（2）计算规则说明。

①镶贴块料和装饰抹灰的"零星项目"适用于挑檐、天沟、腰线、窗台线、门窗套、压顶、扶手、雨篷周边等。

②装饰抹灰的设计图示尺寸是指建筑施工图的结构图所示构件的尺寸。

③镶贴块料的设计图示尺寸是指装饰施工图的构件的外围尺寸，即成活尺寸。

④挂贴大理石、花岗岩中其他零星项目的花岗岩、大理石是按成品考虑的。如阴、阳脚线，圆柱腰线等，按图示长度计算。

（3）计算公式。

镶贴块料零星项目＝装饰施工图图示成活尺寸计算出来的实贴面积

装饰抹灰零星项目＝装饰抹灰图示结构尺寸所计算出来的面积

阴、阳脚线，圆柱腰线＝图示长度

8. 隔断（图7-8、图7-9）

（1）计算规则。隔断按墙的净长×净高计算。扣除门窗洞口及0.3米^{2}以上的孔洞所占的面积。全玻隔断的不锈钢边框工程量按展开面积计算。全玻隔断、全玻幕墙如有加强肋者，工程量按展开面积计算；玻璃幕墙、铝板幕墙以框外围面积计算。

（2）计算规则说明。

①隔断按墙的净长×净高计算，小于或等于0.3米^{2}的孔洞所占的面积不予扣除。

②隔断上的门窗另外列项计算工程量，厕所木隔断除外。

③全玻隔断边框按展开面积另外列项计算工程量。

④"玻璃幕墙、铝板幕墙框外围面积"是指玻璃幕墙、铝板幕墙装饰施工图图示成活尺寸。

（3）计算公式。

隔断工程量＝净长×净高－门窗洞口及0.3米^2

（a）

（b）

图7-8 玻璃隔断

（a） （b）

图7-9 木质隔断

以上的孔洞所占的面积

玻璃幕墙、铝板幕墙工程量 = 框外围长 × 框外围高

四、墙、柱面工程定额有关项目的解释

1. 抹灰墙面

抹灰墙面按建筑质量要求可分为普通抹灰、中级抹灰和高级抹灰，总厚度为15～20毫米。

（1）拉毛抹灰。一般用在有一定声学要求的部位。

（2）清水混凝土（图7-10）。清水混凝土即拆下模板后墙面不加任何装饰，能表现出混凝土的本色和模板的纹理，体现出一种质朴的美感。要选择纹理美观的模板，也可人工特制衬植，模板和接缝都要精心设计，使它能恰到好处地表现出自然美。

利用新拌混凝土的塑性，可在立面上形成各种线型，将组成材料中的粗细集料表面加工成外露集料，可获得不同的质感。

（3）水刷石。又称洗石，其装饰墙面星点闪烁，耐久性较好，但劳动量大，水泥使用量大，造价高。适用于装饰要求较高的民用建筑或在建筑的局部使用。水刷石装饰抹灰要求石粒清晰，分布均匀，紧密干净，色泽一致，不得有掉粒和接槎痕迹。

（a） （b）

图7-10 清水混凝土装饰

（4）干黏石。饰面效果与水刷石接近，比水刷石施工方便，可节约水泥3%，石屑50%左右，造价降低1/3。缺点是黏结力差，不宜在首层的外墙面用，易积灰。

（5）斩假石饰面。又称剁斧石，是仿天然石墙面的一种抹灰。斩假石坚固耐久，但造价高、费工，很难大面积应用。

（6）扫毛抹灰。即用竹丝管帚把面层砂浆扫出不同的方向条纹。一般用于对装饰要求不高的建筑。

（7）拉条抹灰。即用专用模具或嵌条将面层砂浆做成竖线条。一般线条形状有细线形、半圆形、三角形、梯形和矩形等。要求线条垂直平整、深浅一致，表面光洁，不显接痕。

（8）彩色抹灰。其水泥浆是用彩色水泥、无水氧化钙和皮胶加水配制成的。彩色水泥浆可用于砖、石和混凝土等各种基层上。缺点是不宜在负温下施工。

（9）装饰线条抹灰。常用于房间的天棚四周或舞台台口，装饰线条抹灰由黏结层、垫灰层、出灰层及罩面灰层组成，其线条的道数与外形按设计要求。

（10）喷砂仿石。即用压缩空气通过喷除机具将聚合水泥砂浆喷射到抹灰底层上，仿制各种石材条纹，以获得逼真的效果。

2. 木、竹墙面

木、竹墙面具有朴实、典雅的气氛，给人以亲切温暖之感，此材料既可做墙裙，又可装饰到顶。

用作木板墙、柱和木墙裙的木材料种类很多，表面油漆呈各种颜色或本色。本色的有柏木、松木、橡木、柚木、胡桃木、水曲柳和榉木等多种，在墙面高级装饰中被广泛使用。对声学和保温隔热要求较高的墙面，在板面与墙体之间填充玻璃棉、矿棉、泡沫聚苯板和泡沫塑料等材料，可以提高吸声性能，作为装饰吸声板。

3. 石墙面

石墙面是指采用天然石料的墙面。天然石料如大理石、花岗石等，经过不同的加工处理制成块材、板块。它们具有质地坚硬，结构紧密，强度高，耐久性较强，色彩鲜艳等特点。天然石料加工要求较高，价格较贵，多作高级装饰工程之用。

大理石墙面。组织细密、坚实，颜色多样，纹理美观，一般用于高级装饰工程。

4. 裱糊类墙面

裱糊类墙面是指用纸或锦缎、墙布等贴在墙面上，起到良好装饰效果的一种墙面处理方法。

（1）墙纸类。普通的纸经过特殊的加工处理后，可造出不同种类的壁纸。它具有耐擦洗、耐火、不易粘灰等特性，在其表面可印上凹凸不平的图案，具有很好的装饰性。

（2）墙布类。墙布类作壁面装饰的布料，如丝绸、麻布、木棉布和混纺品等，比壁纸更富有风格，花色品种更多，并具有吸声的特点，其缺点是易于沾污，易褪色。

5. 板材类墙面

（1）石棉水泥板。一般用于屋面，但在特殊情况下，也可作为墙面装饰，能取得较好的声学效果，价格比其他材料低。吸声要求较好的，可在墙与板间填矿棉。

（2）石膏板。具有可钻可钉、可锯、防火、隔声、质轻和不受虫蛀等特点。

（3）水泥刨花板。指在刨花板上喷上一层薄水泥，上面可喷上各种颜色的漆。这种板美观、坚硬、平整，是目前广泛用于家具及墙面的装饰材料。

（4）镜面玻璃。直接体现自身的质感和色彩，能反映周围的人物和景象。形成生动、华丽的空间，并具有扩大空间、化实体为虚体和引导方向的作用。

（5）有机玻璃。具有自重轻、易清洗、色彩清晰和易加工等特点。

（6）金属薄板。可采用铝、铜、铝合金、不锈钢等材料，可在其表面喷、烤，镀色。这种材料整固、耐用、新颖、美观，有强烈的时代感。一般用在有吸声、隔磁要求的房间。

（7）皮革墙面。具有温暖、舒适、消声和柔软的特点。一般用于幼儿园活动室、会议室和练功房等。

6. 喷涂类墙面

（1）内墙涂料。其材料一般为大白浆、可赛银浆，它们都具有耐破性、黏性好、色彩艳丽、价格低廉和施工方便等特点。

（2）喷石头漆。用喷浆机将粉碎石渣、人造树脂混合浆料喷在墙面上，使墙面具有花岗岩一样的外观效果。

（3）喷漆滚花。是用压缩机喷枪喷出涂料，形成一个个凹凸不平的纹理图案，再用滚筒滚压的一种墙面装饰方法。

第四节 天棚工程

一、天棚工程基本内容

天棚装饰工程包括抹灰面层、天棚龙骨、顶棚面层、龙骨及饰面等部分。吊顶天棚包括天棚龙骨与天棚面层两个部分，预算中应分别列项。龙骨及饰面部分则综合了骨架和面层，各项目中包括了龙骨和饰面的工料。

吊顶龙骨按其吊挂方式不同分为双层龙骨和单层龙骨两种。龙骨底面不在同一水平面、下层紧贴上层的为双层龙骨；龙骨在同一水平面的为单层龙骨。造型天棚分一级和多级天棚，天棚面层在同一标高的为一级顶棚，天棚面层不在同一标高且高差在200毫米以上者，称为二级或三级顶棚。

天棚龙骨中，对剖圆木楞、方木楞按主楞跨度3m以内、4m以内划分。轻钢龙骨和铝合金龙骨按一级天棚和多级天棚分别列项，同时，按面层规格300毫米×300毫米、450毫米×450毫米、600毫米×600毫米三个规格划分。

二、天棚工程清单工程量的清单计算

1. 天棚抹灰

天棚抹灰的工程量清单项目的设置、项目特征描述的内容、计量单位、工程量计算规则可参考表7-19。

表7-19 天棚抹灰

项目名称	项目特征	计量单位	工程量计算规则	工程内容
天棚抹灰	1. 基层类型 2. 抹灰厚度，材料种类 3. 装饰线条道数 4. 砂浆配合比	米^2	按设计图示尺寸以水平投影面积计算。不扣除间壁墙、垛、柱、附墙烟囱、检查口和管道的所占面积。带梁天棚，梁两侧抹灰面积并入天棚面积内，板式楼梯底面抹灰按斜面积计算，锯齿形楼梯底板抹灰按展开面积计算	1. 基层清理 2. 底层抹灰 3. 抹面层 4. 抹装饰线条

2. 天棚吊顶

天棚吊顶包括吊顶天棚、格栅吊顶、吊筒吊顶、藤条造型悬挂吊顶、织物软雕吊顶等，它们的工程量清单项目的设置、项目特征描述的内容、计量单位、工程量计算规则可参考表7-20。

表7-20 天棚吊顶

项目名称	项目特征	计量单位	工程量计算规则	工程内容
天棚吊顶	1. 吊顶形式、吊杆规格、高度 2. 龙骨材料种类、规格、中距 3. 基层、面层、服条、嵌缝、防护材料种类、规格	米^2	按设计图示尺寸以水平投影面积计算。天棚面中的灯槽及跌级天棚面积不展开计算。不扣除间壁墙等所占面积，扣除单个0.3m^{2}以外的孔洞与天棚相连的窗帘盒所占的面积	1. 基层清理、吊杆安装 2. 龙骨安装 3. 基层板铺贴 4. 面层铺贴 5. 嵌缝 6. 刷防护材料
格栅吊顶	1. 龙骨材料种类、规格、中距 2. 基层、面层、防护材料种类、规格	米^2	按设计图示尺寸以水平投影面积计算	1. 基层清理 2. 安装龙骨 3. 基层板铺贴 4. 面层铺贴 5. 刷防护材料
吊筒吊顶	1. 吊筒形状、规格 2. 吊筒材料种类 3. 防护材料种类	米^2	按设计图示尺寸以水平投影面积计算	1. 基层清理 2. 吊筒制作安装 3. 刷防护材料
藤条造型悬挂吊顶	1. 底层厚度、砂浆配合比 2. 骨架材料种类、规格 3. 面层材料品种、规格、颜色 4. 防护层材料种类	米^2	按设计图示尺寸以水平投影面积计算	1. 基层清理 2. 龙骨安装 3. 铺贴面层
织物软雕吊顶				

3. 天棚其他装饰

天棚其他装饰主要包括灯带、灯槽、送风口、回风口等，它们的工程量清单项目的设置、项目特征描述的内容、计量单位、工程量计算规则可参考表7-21。

表7-21 天棚其他装饰

项目名称	项目特征	计量单位	工程量计算规则	工程内容
灯带	1. 灯带型号、尺寸 2. 格栅片材料种类、规格、品牌、颜色 3. 安装固定方式	米^2	按设计图示尺寸以框外围面积计算	安装、固定
送风口、回风口	1. 风口材料品种、规格、品牌、颜色 2. 安装固定方式 3. 防护材料种类	个	按设计图示数量计算	1. 安装、固定 2. 刷防护材料

4. 采光天棚工程

采光天棚工程的工程量清单项目的设置、项目特征描述的内容、计量单位、工程量计算规则可参考表7-22。

表7-22 采光天棚工程

项目名称	项目特征	计量单位	工程量计算规则	工程内容
采光天棚	1. 骨架类型 2. 固定类型、固定材料种类、规格 3. 面层材料品种、规格 4. 嵌缝、塞口材料种类	$米^2$	按框外展开面积计算	1. 清理基层 2. 面层制作安装 3. 嵌缝、塞口 4. 清洗

三、天棚工程量的计算规则

1. 天棚抹灰工程量计算规则

（1）抹灰面积按柱墙间的净面积计算，不扣除柱、垛、间壁墙、附墙烟囱、检查口和管道所占的面积。带梁天棚、梁两侧抹灰面积并入天棚抹灰工程量内计算。

（2）密肋梁和井字梁天棚抹灰面积按展开面积计算。

（3）天棚抹灰带有装饰线时，装饰线按延长米计算。装饰线的道数以一个突出的棱角为一道线。

（4）檐口天棚及阳台、雨篷底的抹灰面积并入相应的天棚抹灰工程量内计算。

（5）天棚中的折线、灯槽线、圆弧形线、拱形线等艺术形式的抹灰，按展开面积计算，并入相应的天棚抹灰工程量内。

2. 各种吊顶天棚龙骨

各种吊顶天棚龙骨按主墙间净空面积，以$米^2$计算。不扣除间壁墙、检查口、附墙烟囱、柱、灯孔、垛和管道所占面积。

3. 天棚龙骨

（1）计算规则。各种吊顶天棚龙骨按主墙间净面积计算。不扣除间壁墙、检查洞、附墙烟囱、柱、垛和管道所占面积。

（2）计算规则说明。

①按主墙间净面积计算，“主墙”是指砖墙，砌块墙厚180毫米以上（包括180毫米）或超过100毫米以上（包括100毫米）的钢筋混凝土剪力墙；“非主墙”是指其他非承重的间壁墙；“净面积”是指天棚面扣除主墙所占的面积。由天棚定额的制定中可以看到，天棚龙骨定额均是按天棚净投影面积计算的，故计算天棚龙骨工程量也按天棚净投影面积计算。

②不扣除间壁、检查洞、附墙烟囱、柱、垛和管道所占面积。由于龙骨制作有一定的空距，因此以上各结构部位对龙骨制作的影响相对较小，定额中已综合考虑了这部分的损耗，在计算时不管扣除。

③天棚面层在同一标高者为平面天棚，不在同一标高者为跌级天棚，龙骨工程量计算规则是相同的，皆按主墙向净投影面积计算，单价上有所区别。

（3）计算公式。

天棚龙骨工程量＝天棚净面积工程量＝（房间长的轴线尺寸－主墙厚）×（房间宽的轴线尺寸－主墙厚）

4. 天棚基层

（1）计算规则。天棚基层按展开面积计算。

（2）计算规则说明。

①预算中的“天棚基层”，是指安装在主次龙骨面上作为面层底衬的胶合板或石膏板。

②以“展开面积”计算，是指把天帽凹凸面等展开后的全部面积合并计算。

③天棚基层计算中需要扣除和不需要扣除的

部分同天棚面层。

（3）计算公式。

天棚基层=（楼梯间宽的轴线尺寸-主墙厚）×（楼梯闻长的轴线尺寸-主墙厚）+凸凹面展开面积-0.3米^{2}以上的孔洞、独立柱、灯槽及与天棚相连的窗帘盒所占面积

5. 天棚装饰面层

（1）计算规则。天棚装饰面层，按主墙间实钉（胶）面积以米^{2}计算，不扣除间壁墙，检查口、附墙烟囱、垛和管道所占面积，但应扣除0.3m^{2}以上的孔洞，独立柱、灯槽及与天棚相连的窗帘盒所占面积。

（2）计算规则说明。

①“天棚装饰面层按主墙间实钉（胶）面积以m^{2}计算”是指以天棚主墙间实际钉（胶）的各展开面的面积计算。

②“不扣除间壁墙，检查口、附墙烟囱、垛和管道所占面积”是指为了简化计算，无论面层做于间壁墙之外还是间壁墙之上，在定额中已经包含了这部分的消耗，因此计算时不需扣除。“检查口、附墙烟囱、垛和管道”所占面积很小，在0.3米^{2}以内，定额中也已考虑其工料消耗，计算时不必扣除，也不必另算。

③“应扣除0.3米^{2}以上的孔洞、独立柱、灯槽及与天棚相连的窗帘盒所占面积”是指这部分面积较大，计算天幅面层工程量时应扣除。需要注意的是，如果窗帘盘做于面层之上，其所占面积不能扣除。天棚中的灯槽可按“其他工程”中的灯槽定额子目计算，但饰面层按展开面积合并在天棚面的饰面工程量中计算。天棚中的折线，叠落等圆弧形、棋形、艺术形式天棚的饰面，均按展开面积计算。

（3）计算公式。

天棚面层装饰面积=（楼弟间宽的轴线尺寸-主墙厚）×（楼梯间长的轴线尺寸-主墙厚）+各展开面积-0.3米^{2}以上的孔洞、独立柱、灯槽及与天棚相连的窗帘盒所占面积

6. 定额中龙骨，基层，面层合并列项的子目

（1）计算规则。各种吊顶天棚龙骨、基层、面层合并列项的子目计算时，不扣除间壁墙、检查洞、附墙烟囱、柱、垛和管道所占面积。

（2）计算规则说明。各种居顶天棚龙督、基层、面层合并列项的子目计算规则解释同天棚龙骨计算规则。

（3）计算公式。

天棚龙骨、基层、面层合并项目工程量=天棚净面积工程量=（房间长的轴线尺寸-主墙厚）×（房间宽的轴线尺寸-主墙厚）

7. 板式楼梯地面的装饰工程量

（1）计算规则。板式楼梯底面的装饰工程量按水平投影面积乘1.15系数计算，梁式楼梯底面按展开面积计算。

（2）计算规则说明。

①“楼梯底面的装饰工程量”包括楼梯段底面装饰和平台底面装饰两部分。

②“板式楼梯底面装饰”是斜面，为简化计算，其工程量按水平投影面积乘1.15的系数。

③“梁式楼梯底面”其结构比较复杂，定额规定按展开面积计算。

（3）计算公式。

板式楼梯底面工程量=楼梯水平投影面积×1.15梁式楼梯底面斜平顶工程量=按展开面积计算

梁式楼梯底面锯齿顶工程量=按展开面积计算

8. 灯光槽工程量

（1）计算规则。灯光槽按延长米算。

（2）计算规则说明。

①计算一般直线形天棚工程量时已将这部分面积扣除，因此灯光槽制作安装需计算工程量，定额规定按延长米计算。

②艺术造型天棚项目中包括灯光槽的制作安

装，不需另算。

（3）计算公式。

灯光槽工程量＝灯光槽图示长度

9. 保温层、吸声层工程量

（1）计算规则。保温层按实铺面积计算。

（2）计算规则说明。“实铺面积”是指吊顶保温层实际铺设的面积，这里指水平投影面积。

（3）计算公式。

保温层工程量＝水平投影面积

10. 网架工程量

（1）计算规则。网架按水平投影面积计算。

（2）计算规则说明。网架结构繁多，按水平投影面积计算，不扣除镂空部分工程量。

（3）计算公式。

网架工程量＝水平投影面积

11. 嵌缝工程量

（1）计算规则。嵌缝按“米”计算。

（2）计算规则说明。由于石膏板在拼接时存在缝隙，为了达到质量要求，使吊顶面层平整且不易裂缝，处理方式是在缝隙上沿长度方向贴绷带，故按“米”来计算。

（3）计算公式。

嵌缝工程量＝实贴长度

补充要点

定额中特殊工程的计算方法

特殊工程指的是非常用工程，如造型复杂、材料丰富的装饰构造，如果直接套用定额中的参数和项目，难免会发生误差，首先应该读懂图纸中的细节，再来确定套用定额中的哪种项目，如果定额中没有该项目，那么就独立编制计算，当然需注意这种情况不宜过多。

特殊工程的计算方法还是要以施工工艺为主，在装饰施工中，按面积、长度来计算的工程量仍然照旧，如果定额中没有相关项目，也要根据实际施工工艺，通过面积和长度来进行计量，不要轻易用：套、项、件等单位用词，尽量将工艺构造分解。

四、天棚工程量定额的有关项目解释

天棚与地面是形成空间的两个水平面，应与其他专业相配合来完成，如天棚是否好看，与风口的位置、消防喷水孔位置等有很大的关系，因此，设计天棚时必须全盘考虑各方面的因素。

天棚的设计应与空间环境相协调，按其空间形式来选择相应的做法。天棚可归纳为吊顶、平顶和叠落式天棚三大类。

1. 吊顶

吊顶是将天棚上的电线管、通风管和水管隐藏在天棚里，使外面空间显得美观。吊顶具体分类见表7-23。

2. 叠落式天棚

天棚处在不同的标高上，上下错落，称为叠落式天棚。叠落式天棚适用于餐厅、会议室等结构梁底标高比较低的空间，可以增加空间高度及局部高度。

表7-23 吊顶的分类

项目	解释
抹灰面层吊顶	抹灰吊顶是由木板条、钢板网抹灰面组成，抹灰层由3～5毫米厚的底层（麻刀、水泥，白灰砂浆），5～6毫米厚的中间层（水泥、白灰浆），2毫米厚纸筋灰罩面或喷砂，再喷色浆或涂料
板材面层吊顶	板材一般为石膏板、矿棉吸声板、五夹板、金属板和镜面玻璃等。主格栅间距视吊顶重量和板材规格而定，通常不大于1200毫米；次格栅的布置与板材规格尺寸及板缝处理方式相适应
立体面吊顶	立体面吊顶就是将面层做成立体形状
花格吊顶	花格吊顶就是将面层用木框或金属编制成各种形式的花格

第五节　门窗工程

一、门窗工程基本内容

门窗项目主要可划分为普通木门、特种门、普通木窗、铝合金门窗、塑料门窗、钢门窗、铝合金踢脚板及门锁等部分。

普通木门又可分为镶板门、胶合板门、半截玻璃门、自由门、连窗门五类，每一类又按带纱或不带纱、单扇或双扇、带亮或不带亮等来划分项目，将门框制作，门框安装、门扇制作、门扇安装分别列项，可单独计算，也可合并计算。

厂库房大门，特种门又分为木板大门、平开钢木大门、推拉钢木大门、冷藏库门、冷藏冻结间门，防火门，保温门，变电室门，折叠门9种。按平开或推拉、带采光窗或不带采光窗，一面板或二面板（防风型、防严寒2种）、保温层厚100毫米或150毫米，实拼式或框架式等方法划分项目；将门扇制作和门扇安装、门樘制作安装和门扇制作安装、衬石棉板（单、双）或不衬石在棉板分别列项。

普通木窗分为单层玻璃窗，一玻一纱窗、双层玻璃窗、双层带纱窗、百叶窗、天窗、推拉传递窗、圆形玻璃窗、半圆形玻璃窗、门窗扇包镀锌铁皮、门窗框包镀锌铁皮等11个部分。每一部分又可分为单扇无亮、双崩带亮、三扇带亮、四扇带亮、带木百叶片等。

铝合金门窗制作、安装分为单扇地弹门、双扇地弹门、四扇地弹门、全玻地弹门，单扇平开门、单扇平开窗、推拉窗、固定窗、不锈钢片包门框9种，每一种又按无上亮或带上亮，无侧亮或带侧亮或带顶窗等方法划分项目，铝合金、不锈钢门窗安装分为地弹门，不锈钢地弹门、平开门、推拉窗、固定窗、平开窗、防盛窗，百叶窗、卷闸门9种。

彩板组角钢门窗安装分为彩板门、彩板窗、附框3个项目。

塑料门窗安装分为塑料门带亮、不带亮、塑料窗单层、带纱4个项目。

钢门窗安装分为普通钢门、普通钢窗、钢天窗、组合钢窗、防盗钢窗、钢门窗安玻璃、全钢板大门、围墙钢大门8种，共18个项目；按单层或带纱、平开式或推拉式或折叠门、钢管框铁丝网或角钢框铁丝网等方法划分项目；将钢大门的门扇制作和门扇安装分别列项。

铝合金踢脚板及门锁安装分为门扇铝合金踢脚版安装和门扇安装2个项目。

二、门窗清单工程量的清单计算

1. 木门

木门主要包括镶板木门、企口木门、装饰门、胶合板门、夹板装饰门、木质防火门、木纱门、连窗门，它们的工程量清单项目的设置、项目特征描述的内容、计量单位、工程量计算规则可参考表7-24。

表7-24 木门工程量清单

项目名称	项目特征	计量单位	工程量计算规则	工程内容
镶板木门 企口木门 装饰门 胶合板门	1. 门类型 2. 框截面尺寸、单扇面积 3. 骨架材料种类 4. 面层材料品种、规格、品牌、颜色 5. 玻璃品种、厚度、五金材料、品种、规格 6. 防护层材料种类 7. 油漆品种、刷漆遍数	樘/米^2	按设计图示数量计算或设计图示洞口尺寸以面积计算	1. 门制作、运输、安装 2. 五金、玻璃安装 3. 刷防护材料、油漆
夹板装饰门 木质防火门 木纱门	1. 门类型 2. 框截面尺寸、单扇面积 3. 骨架材料种类 4. 防火材料种类 5. 门纱材料品种、规格 6. 面层材料品种、规格、品牌、颜色 7. 玻璃品种、厚度、五金材料、品种、规格 8. 防护材料种类 9. 油漆品种、刷漆遍数			
连窗门	1. 门窗类型 2. 框截面尺寸、单扇面积 3. 骨架材料种类 4. 面层材料品种、规格、品牌、颜色 5. 玻璃品种、厚度、五金材料、品种、规格 6. 防护材料种类 7. 油漆品种、刷漆遍数			

2. 金属门

金属门主要包括金属平开门、金属推拉门、金属地弹门、彩板门、塑钢门、防盗门、钢制防火门，它们的工程量清单项目的设置、项目特征描述的内容、计量单位、工程量计算规则可参考表7-25。

表7-25 金属门工程量清单

项目名称	项目特征	计量单位	工程量计算规则	工程内容
金属平开门 金属推拉门 金属地弹门 彩板门装饰 塑钢门 防盗门 钢制防火门	1. 门类型 2. 框材质、外围尺寸 3. 扇材质、外围尺寸 4. 玻璃品种、厚度、五金材料、品种、规格 5. 防护材料种类 6. 油漆品种、刷漆遍数	樘/米^2	按设计图示数量计算或设计图示洞口尺寸以面积计算	1. 门制作、运输、安装 2. 五金、玻璃安装 3. 刷防护材料、油漆

3. 金属卷帘门

金属卷帘门主要有金属卷闸门、金属格栅门、防火卷帘门等，它们的工程量清单项目的设置、项目特征描述的内容、计量单位、工程量计算规则可参考表7-26。

表7-26 金属卷帘门

项目名称	项目特征	计量单位	工程量计算规则	工程内容
金属卷闸门 金属格栅门 防火卷帘门	1. 门材质、框外围尺寸 2. 启动装置品种、规格、品牌 3. 五金材料、品种、规格 4. 刷防护材料种类 5. 油漆品种、刷漆遍数	樘/米^2	按设计图示数量计算或设计图示洞口尺寸以面积计算	1. 门制作、运输、安装输、安装 2. 五金、玻璃安装 3. 刷防护材料、油漆

4. 其他门

其他门主要有平开电子感应门、旋转门、电子对讲门、电动伸缩门、全玻门、全玻自由门、半玻门、镜面不锈钢饰面门等，它们的工程量清单项目的设置、项目特征描述的内容、计量单位、工程量计算规则可参考表7-27。

表7-27 其他门

项目名称	项目特征	计量单位	工程量计算规则	工程内容
平开电子感应门 旋转门 电子对讲门 电动伸缩门	1. 门材质、品牌、外围尺寸 2. 玻璃品种、厚度、五金材料、品种、规格 3. 电子配件品种、规格、品牌 4. 防护材料种类 5. 油漆品种、刷漆遍数	樘/米^2	按设计图示数量计算或设计图示洞口尺寸以面积计算	1. 门制作、运输、安装 2. 五金、电子配件安装 3. 刷防护材料、油漆
全玻门 全玻自由门 半玻门 镜面不锈钢饰面门	1. 门类型 2. 框材质、外围尺寸 3. 扇材质、外围尺寸 4. 玻璃品种、厚度、五金材料、品种、规格 5. 防护材料种类 6. 油漆品种、刷漆遍数			

5. 金属窗

金属窗主要包括金属推拉窗、金属平开窗、金属固定窗、金属百叶窗、金属组合窗、彩板窗、塑钢窗、特殊五金等，它们的工程量清单项目的设置、项目特征描述的内容、计量单位、工程量计算规则可参考表7-28。

表7-28 金属窗

项目名称	项目特征	计量单位	工程量计算规则	工程内容
金属推拉窗 金属平开窗 金属固定窗	1. 窗类型 2. 框材质、外围尺寸 3. 扇材质、外围尺寸	樘/米^2	按设计图示数量计算或设计图示洞口尺寸以面积计算	1. 窗制作、运输、安装 2. 五金、玻璃安装 3. 刷防护材料、油漆

续表

项目名称	项目特征	计量单位	工程量计算规则	工程内容
金属百叶窗	4. 玻璃品种、厚度、五金材料、品种、规格 5. 防护材料种类 6. 油漆品种、刷漆遍数	樘/米^2	按设计图示数量计算或设计图示洞口尺寸以面积计算	
金属组合窗				
彩板窗				
塑钢窗				
特殊五金	1. 五金名称、用途 2. 五金材料、品种、规格			1. 五金安装 2. 刷防护材料

6. 门窗套

门窗套包括木门窗套、金属门窗套、石材门窗套、门窗木贴脸、硬木筒子板、饰面夹板筒子板等，它们的工程量清单项目的设置、项目特征描述的内容、计量单位、工程量计算规则可参考表7-29。

表7-29 门窗套

项目名称	项目特征	计量单位	工程量计算规则	工程内容
木门窗套	1. 底层厚度、砂浆配合比 2. 立筋材料种类、规格 3. 基层材料种类 4. 防护材料种类 5. 油漆品种、刷漆遍数 6. 面层材料品种、规格、品牌、颜色	樘/米^2	按设计图示尺寸以展开面积计算	1. 清理基层 2. 底层抹灰 3. 立筋制作、安装 4. 基层板安装 5. 面层铺贴 6. 刷防护材料、油漆
金属门窗套				
石材门窗套				
门窗木贴脸				
硬木筒子板				
饰面夹板筒子板				

7. 厂库房大门、特种门

厂库房大门主要包括木板大门、钢材大门、全钢板大门、防护铁丝门、金属栅格门、钢制花饰大门和特种门等，它们的工程量清单项目的设置、项目特征描述的内容、计量单位、工程量计算规则可参考表7-30。

表7-30 厂库房大门、特种门

项目名称	项目特征	计量单位	工程量计算规则	工程内容
木板大门	1. 门代号及洞口尺寸 2. 门框或扇外围尺寸 3. 门框、扇材质 4. 五金种类、规格 5. 防护材料种类	樘/米^2	1. 以樘计量，按设计图示数量计算 2. 以米计量，按设计图示洞口尺寸以面积计算	1. 门（骨架）制作、运输 2. 门、五金配件安装 3. 刷防护材料
钢材大门				
全钢板大门				
防护铁丝门				
金属栅格门	1. 门代号及洞口尺寸 2. 门框或扇外围尺寸 3. 门框、扇材质 4. 启动装置品种、规格			1. 门安装 2. 启动装置、五金配件安装
钢制花饰大门	1. 门代号及洞口尺寸 2. 门框及扇外围尺寸 3. 门框、扇材质			1. 门安装 2. 五金配件安装
特种门				

8. 窗帘盒、窗帘轨

窗帘盒、窗帘轨包括木窗帘盒、饰面夹板、塑料窗帘盒、铝合金属窗帘盒、窗帘轨等，它们的工程量清单项目的设置、项目特征描述的内容、计量单位、工程量计算规则可参考表7-31。

表7-31 窗帘盒、窗帘轨

项目名称	项目特征	计量单位	工程量计算规则	工程内容
木窗帘盒	1. 窗帘盒材质、规格、颜色 2. 窗帘轨材质、规格 3. 防护材料种类 4. 油漆种类、刷漆遍数	米	按设计图示尺寸以长度计算	1. 制作、运输 2. 刷防护漆、油漆
饰面夹、板塑料窗帘盒				
铝合金属窗帘盒				
窗帘轨				

9. 窗台板

窗台板包括木窗台板、铝塑窗台板、石材窗台板、金属窗台板等，它们的工程量清单项目的设置、项目特征描述的内容、计量单位、工程量计算规则可参考表7-32。

表7-32 窗台板

项目名称	项目特征	计量单位	工程量计算规则	工程内容
木窗台板	1. 找平层厚度、砂浆配合比 2. 窗台板材质、规格、颜色 3. 防护材料种类 4. 油漆种类、刷漆遍数	米	按设计图示尺寸以长度计算	1. 基层清理 2. 抹找平层 3. 窗台板制作、安装 4. 刷防护材料、油漆
铝塑窗台板				
石材窗台板				
金属窗台板				

三、门窗工程量的计算规则

1. 铝合金门窗、彩板组角门窗、塑钢门窗

（1）计算规则。铝合金门窗、彩板组角门窗、塑钢门窗安装均按洞口面积以米^{2}计算。纱扇制作按扇外围面积计算。

（2）计算规则说明。

①“按洞口面积计算”是指按设计洞口面积，即结构尺寸。

②“纱扇制作按扇外围面积”是指按门窗的设计图示尺寸。

（3）计算公式。

门窗工程量＝门窗洞口图示长度×门窗洞口图示宽度×个数

2. 卷闸门

（1）计算规则。卷闸门安装按其安装高度乘以门的实际宽度以米^{2}计算。安装高度算至滚筒顶点为准。带卷筒罩的按展开面积增加。电动装置安装以套计算，小门安装以个计算，小门面积不扣除。

（2）计算规则说明。

①卷闸门的卷筒或卷筒罩一般安装在洞口上方，安装的实际面积要比洞口面积大，因此工程量应另行计算。

②在安装卷闸门时，卷闸门的宽度可以按门的实际宽度来取定，但高度必须比门的实际高度要高，实验测定一般卷闸门的高度要比门的高度高出600毫米，有卷筒罩时，卷筒罩工程量还应展开计算合并于卷闸门中。

③电动装置安装需按“套”另行计算。

④卷闸门上安装的小门需另外以“个”计算工程量，计算卷闸门工程量时不需扣除小门所占面积，定额中已综合考虑了其工料消耗。

（3）计算公式。

$S_{卷闸门}$=门的宽度×（门高度+600毫米）+卷筒罩展开面积

3. 防盗门、防盗窗、不锈钢格栅门工程量

（1）计算规则。防盗门、防盗窗、不锈钢格栅门按框外围面积以米^{2}计算。

（2）计算规则说明。

“按框外围面积以米^{2}计算”是指防盗门、防盗窗、不锈钢格栅门按门框设计图示外围尺寸计算。

（3）计算公式。

防盗门、防盗窗、不锈钢格栅门工程量=门窗图示长度×门窗图示宽度×个数

4. 成品防火门、防火卷帘门工程量

（1）计算规则。成品防火门以框外围面积计算，防火卷帘门从地（楼）面算至端板顶点的高度乘以设计宽度。

（2）计算规则说明。

“以框外围面积计算”是指成品防火门工程量以设计门框外围图示尺寸计算。

（3）计算公式。

成品防火门工程量=门窗图示长度×门窗图示宽度×个数

防火卷帘门工程量=图示高度×设计宽度×个数

5. 实木门框、门扇制作安装

（1）计算规则。实木门框制作安装以延长米计算。实木门扇制作安装及装饰门扇制作安装按扇外围面积计算。装饰门扇及成品门扇安装按扇计算。

（2）规则说明。

①框扇制作、安装分开计算，便于计算有关费用。

②“按扇外围面积计算”是指按门扇图示尺寸计算，框尺寸除外。

③装饰门扇及成品门扇安装按“扇”计算是指计量单位。

（3）计算公式。

实木门框制作安装工程量=门框实际图示设计长度

门扇制作安装工程量=图示高度×设计宽度×个数

装饰门扇及成品门扇工程量=门扇个数

6. 木门扇皮制隔声面层和装饰板隔声面层工程量

（1）计算规则。木门扇皮制隔声面层和装饰板隔声面层，按单面面积计算。

（2）计算规则说明。

木门扇皮制隔声面层和装饰板隔声面层虽然双面都有，在定额消耗量中已综合考虑了，因此只需计算单面面积。

（3）计算公式。

木门扇皮制隔声面层和装饰板隔声面层工程量=门扇图示设计高度×图示设计宽度

7. 装饰材料包门窗套

（1）计算规则。不锈钢板包门框、门窗套、花岗岩门套、门窗筒子板按展开面积计算。门窗贴脸、窗帘盒、窗帘轨按延长米计算。

（2）规则说明。

①“不锈钢板包门框，门窗套”指将门框的木

材表面用不锈钢片保护起来，增加门的美观，还可免火种直接烧烤。

②注意不锈钢等装饰材料包门窗框，是按展开面积计算，即实包面积。

（3）计算公式。

门窗套工程量＝门窗套展开面积

8. 窗台板工程量

窗台板按实铺面积计算。

9. 电子感应门及转门工程量

电子感应门及转门按定额尺寸以樘计算。

10. 不锈钢电动伸缩门工程量

不锈钢电动伸缩门以樘计算。

四、门窗工程定额有关项目的解释

1. 门的分类

门的类型很多，按材料分为钢门、木门、铝合金门和塑钢门，按开启方式分为平开门、弹簧门、上翻门、推拉门、单扇升降门、折门、卷帘门、转门和自动门。

2. 门的构造

铝合金门是铝型材作框，框内嵌玻璃制成的门。通常用于门厅，商店橱窗等主要公共场所，具有质轻、耐久和美观等特点。

转门由门扇、侧壁和转动装置组成。框用不锈钢或铝做成，为了方便使用，宜全部或大部分嵌玻璃。转门起防风和保温作用，通常用于建筑物门厅的入口。

3. 门的细部构造

门套起美化门洞的作用，是在门洞内侧用木板、胶合板及大理石覆盖起来，通常用于要求较高的装饰工程中。门帘盒用于电教室、报告厅等，在白天放映录像时起遮光作用。

4. 窗的构造

普通窗一般采用钢窗、木窗，各地都有标准图，可按其功能需要和洞口尺寸直接选用，通常用于民居、办公室等装饰要求不太高的场所。铝合金窗框料为管材，分为古铜色或银白色两种，通常为工厂定做，玻璃面积较大，外观简洁大方，有利于采光，一般用于档次较高的场所。遮光窗不透光，但需要通风。遮光窗百叶可水平也可垂直放置，可用木料或金属制作，关键是要互相咬合，保证光线不能透过。

5. 窗的细部

窗的细部由窗帘盒和窗套组成。窗帘盒材料可分为塑料、木料、铝合金、纸面石膏板及竹板等。可以嵌入天棚中，也可做在天棚以下，裸露在空间中。用何种形式取决于空间结构。窗套的构造与门套构造相似，通常用于档次较高的场所。

6. 特殊门窗

特殊门窗包括防风雨、防风沙、防寒、冷藏、保温和隔声及防火、防放射线等用途的门窗。门窗密闭用嵌填材料有厚城布、毛毯、帆布包内填矿棉或玻璃棉等松散材料，橡皮、海绵橡皮、聚氯乙烯塑料和泡沫塑料等，制成条形、管状及适宜于密闭的各种断面。密闭安装方式大致分为外贴式（木窗居多）、内嵌式（钢窗为主）和嵌缝式三类。

7. 特殊门窗的构造

防火门有不同的构造做法，其防火极限分为2小时、1.5小时、1小时、0.75小时和0.42小时等，分别用于不同等级的建筑和不同生活、生产、储藏等方面。

第六节 油漆、涂料、裱糊装饰工程

一、油漆、涂料、裱糊装饰工程基本内容

油漆装饰工程项目按基层不同分为木材面油漆、金属面油漆和抹灰面油漆，在该基础之上，按刷漆部位、油漆品种分项。

二、油漆、涂料、裱糊清单工程量的清单计算

1. 门油漆

门油漆的工程量清单项目的设置、项目特征描述的内容、计量单位、工程量计算规则可参考表7-33。

表7-33 门油漆

项目名称	项目特征	计量单位	工程量计算规则	工程内容
门油漆	1. 门类型 2. 腻子种类 3. 刮腻子要求 4. 防护材料种类 5. 油漆品种、刷漆遍数	樘／米^2	按设计图示数量或设计图示单面洞口面积计算	1. 基层清理 2. 刮腻子 3. 刷防护材料、油漆

2. 窗油漆

门油漆的工程量清单项目的设置、项目特征描述的内容、计量单位、工程量计算规则可参考表7-34。

表7-34 窗油漆

项目名称	项目特征	计量单位	工程量计算规则	工程内容
窗油漆	1. 窗类型 2. 腻子种类 3. 刮腻子要求 4. 防护材料种类 5. 油漆品种、刷漆遍数	樘／米^2	按设计图示数量或设计图示单面洞口面积计算	1. 基层清理 2. 刮腻子 3. 刷防护材料、油漆

3. 木扶手及其他板条线条油漆

木扶手油漆、窗帘盒油漆、封檐板、顺水版油漆等，它们的工程量清单项目的设置、项目特征描述的内容、计量单位、工程量计算规则可参考表7-35。

4. 木材面油漆

暖气罩油漆、梁柱饰面油漆、零星木装饰油漆、木地板油漆、木地板烫硬蜡面油漆，它们的工程量清单项目的设置、项目特征描述的内容、计量单位、工程量计算规则可参考表7-36。

5. 抹灰面油漆

抹灰面油漆、抹灰线条油漆等，它们的工程量清单项目的设置、项目特征描述的内容、计量单位、工程量计算规则可参考表7-37。

表7-35　　木扶手及其他板条线条油漆

项目名称	项目特征	计量单位	工程量计算规则	工程内容
木扶手油漆	1. 腻子种类 2. 刮腻子要求 3. 油漆体单位展开面积 4. 油漆部位长度 5. 防护材料种类 6. 油漆品种、刷漆遍数	米	按设计图示尺寸以长度计算	1. 基层清理 2. 刮腻子 3. 刷防护材料、油漆
窗帘盒油漆				
封檐板、顺水板油漆				
挂衣板、黑板框油漆				
挂镜线、窗帘棍、单独木线油漆				

表7-36　　木材面油漆

项目名称	项目特征	计量单位	工程量计算规则	工程内容
暖气罩油漆	1. 腻子种类 2. 刮腻子要求 3. 防护材料种类 4. 油漆品种、刷漆遍数	$米^2$	按设计图示尺寸以面积计算	1. 基层清理 2. 刮腻子 3. 刷防护材料油漆
梁柱饰面油漆			按设计图示尺寸以油漆部分展开面积计算	
零星木装饰油漆				
木地板油漆			按设计图示尺寸以面积计算。空洞、空圈的开口部分并入相应的工程量内。	
木地板烫硬蜡面油漆	1. 硬蜡要求 2. 面层处理要求			1. 基层清理 2. 烫蜡

表7-37　　抹灰面油漆

项目名称	项目特征	计量单位	工程量计算规则	工程内容
抹灰面油漆	1. 基层类型 2. 线条宽度、道数 3. 腻子种类 4. 刮腻子要求 5. 防护材料种类 6. 油漆品种、刷漆遍数	$米^2$	按设计图示尺寸以面积计算	1. 基层清理 2. 刮腻子 3. 刷防护材料、油漆
抹灰线条油漆		米	按设计图示尺寸以长度计算	

6. 花饰、线条刷涂料

空花格、栏杆刷涂料以及线条刷涂料的工程量清单项目的设置、项目特征描述的内容、计量单位、工程量计算规则可参考表7-38。

表7-38　　花饰、线条刷涂料

项目名称	项目特征	计量单位	工程量计算规则	工程内容
空花格、栏杆刷涂料	1. 腻子种类 2. 线条宽度 3. 刮腻子要求 4. 涂料品种、刷喷遍数	$米^2$	按设计图示尺寸以单面外围面积计算	1. 基层清理 2. 刮腻子 3. 刷、喷涂料
线条刷涂料		米	按设计图示尺寸以长度计算	

7. 喷塑、涂料

喷塑、涂料的工程量清单项目的设置、项目特征描述的内容、计量单位、工程量计算规则可参考表7-39。

表7-39 喷塑、涂料

项目名称	项目特征	计量单位	工程量计算规则	工程内容
喷塑涂料	1. 基层类型 2. 涂料品种、刷喷遍数 3. 腻子种类 4. 刮腻子要求	米^2	按设计图示尺寸以面积计算	1. 基层清理 2. 刮腻子 3. 刷、喷涂料

8. 裱糊

裱糊的工程量清单项目的设置、项目特征描述的内容、计量单位、工程量计算规则可参考表7-40。

表7-40 裱糊

项目名称	项目特征	计量单位	工程量计算规则	工程内容
墙纸裱糊	1. 基层类型 2. 裱糊构件部位 3. 腻子种类 4. 刮腻子要求 5. 粘结材料种类 6. 防护材料种类 7. 面层材料品种、规格、品牌、颜色	米^2	按设计图示尺寸以面积计算	1. 基层清理 2. 刮腻子 3. 面层铺贴 4. 刷防护材料
织锦缎裱糊				

补充要点

注意裱糊工程中的主材差价

裱糊工程中的主材差价很大，高档金属膜壁纸、锦缎壁纸、防水防潮壁纸、自发光壁纸、全天然植物墙布等这些材料价格很高，是普通塑料壁纸的5~10倍，对于一些特殊定制的壁纸，价格更高。如果在设计图纸中出现这类情况，工程量计算就不能直接套用定额中的价格，应当将其中的面层材料减去，将主材费用放在采购材料中单独计算。

三、油漆、涂料、裱糊工程量的计算规则

1. 抹灰面油漆、涂料、裱糊工程量计算

（1）计算规则。楼地面、天棚、墙、柱、梁面的喷（刷）涂料、抹灰面油漆及裱糊工程，均按相应的计算规则计算，参考表7-41。

表7-41　　抹灰面油漆、涂料、裱糊

项目名称	系数	工程量计算方法
混凝土楼梯底（板式）	1.15	水平投影面积
混凝土楼梯底（梁式）	1.00	展开面积
混凝土花格窗、栏杆花饰	1.82	单面外围面积
楼地面、天棚、墙、柱、梁面	1.00	展开面积

（2）计算规则说明。

①混凝土板式楼梯底、混凝土梁式楼梯底油漆、涂料、裱糊工程量计算与天棚底面装饰工程量计算规则一致。

②混凝土花格窗、栏杆花饰不扣除空花部分，按单面外围面积计算工程量，由于空花部分也要刷涂料等，为简化计算，故按单面外围面积乘以系数1.82。

③楼地面、天棚、墙、柱、梁面所有部位均需展开按实际施工面积计算。

（3）计算公式。

混凝土花格窗、栏杆花饰工程量＝花格窗、栏杆花饰单面外围面积×1.82

楼地面、天棚、墙、柱、梁面工程量＝展开面积

2. 定额中的隔墙、护壁、柱、天棚木龙骨及木地板中木龙骨带毛地板刷防火漆涂料的工程量计算

计算规则：

①隔墙、护壁木龙骨按其面层正立面投影面积计算。

②柱木龙骨按其面层外围面积计算。

③天棚木龙骨按其水平投影面积计算。

④木地板中木龙骨及木龙骨带毛地板按面积计算。

3. 木楼梯刷漆的工程量

（1）计算规则。木楼梯（不包括底面）刷油漆按水平投影面积乘以系数2.3。

（2）计算规则说明。

①木楼梯刷油漆的工程量不包括楼梯底部，楼梯底部工程量按展开面积计算。

②木楼梯刷油漆的工程量包括楼梯踏面、梯面、休息平台、楼梯侧面等，为简化计算，定额规定其工程量的计算按楼梯水平投影面积乘以系数2.3。

（3）计算公式。

木楼梯刷油漆的工程量＝水平投影面积×2.3

木楼梯底面刷油漆的工程量＝楼梯底部工程量按展开面积

第七节　实例分析：幼儿园建筑装饰工程计算案例（扫码下载案例）

案例二维码

★ 小贴士

工程量计算的依据

工程量计算的依据主要是图纸与图纸上标注的材料工艺说明，如果设计图纸标注不详，甚至图纸残缺不完整，应当到实际施工现场进行深入考察，并且向设计单位进行询问，将需要提问的内容写在纸上，逐个提出，逐个听取解答并记录，以这些数据信息为依据来进行计算工程量。

本章小结

本章系统地介绍了建筑装饰分部分项工程量的基本内容和基本原则。用来表示工程的量就叫工程量，工程量就是指以自然计量单位或者是物理计量单位所表示的各个具体构配件和分项工程的实物量，工程量的计量单位一定要与定额规定的单位一致。建筑装饰分项工程量是衡量建筑装饰工程项目的量，是计算建筑装饰工程造价的依据，同时建筑装饰分部分项工程量的计算原则也关系到造价是否准确，预算是否科学。

课后练习

1. 计算工程量时要注意哪些事项?
2. 抹灰墙面按建筑质量要求一般分为哪几种?
3. 吊顶天棚可细分为哪几类?
4. 铝合金、不锈钢门窗以安装来分可分为哪九种?
5. 压条和装饰条的作用是什么?
6. 设计或寻求一套建筑装饰设计图，制作一套工程预算表。

参考文献

REFERENCE DOCUMENTS

[1] 朱艳．装饰工程项目管理与预算［M］．北京：人民邮电出版社，2015.

[2] 宋昌英．施工企业税务管理与核算［M］．北京：中国电力出版社，2018.

[3] 刘景辉．建筑与装饰工程量清单报价书编制［M］．北京：中国建筑工业出版社，2010.

[4] 顾湘东．建筑装饰装修工程预算［M］．长沙：湖南大学出版社，2011.

[5] 范菊雨．建筑装饰工程预算［M］．北京：北京大学出版社，2012.

[6] 翟丽旻．建筑装饰工程预算与清单报价［M］．北京：机械工业出版社，2018.

[7] 孙来忠．建筑装饰工程概预算［M］．北京：机械工业出版社，2017.

[8] 刘元方．建筑工程项目核算［M］．北京：中国财政经济出版社，2011.

[9] 装饰装修工程预决算快学快用编写组．装饰装修工程预决算快学快用：第2版［M］．北京：中国建材工业出版社，2014.

[10] 白会人．建筑工程项目管理与成本核算［M］．哈尔滨：哈尔滨工业大学出版社，2015.

[11] 魏文彪．建设工程预算入门与实例精解装饰装修工程［M］．北京：中国电力出版社，2014.

[12] 黎诚，兰琼．建筑装饰工程计量与计价实务［M］．北京：化学工业出版社，2013.

[13] 王胜．工程成本核算［M］．北京：中国建筑工业出版社，2014.

[14] 张国栋．装饰装修工程概预算与清单报价实例详解［M］．上海：上海交通大学出版社，2014.

[15] 刘锋，朱世海．装饰装修工程培训系列读本——装饰装修材料及工程预算［M］．北京：化学工业出版社，2009.